과학의 척도

도쓰카(戸塚) 교수의 마지막 강의

과학의 척도

도쓰카 요지 지음 | 송태욱 옮김

꾸리에

| 일러두기 |

- 본서의 일본어판 제목은 『도쓰카(戸塚) 교수의 과학 입문 – $E = mc^2$은 아름답다』입니다. 한국어판에서는 『도쓰카(戸塚) 교수의 마지막 강의–과학의 척도』으로 바꾸었습니다.
- 본문 하단의 각주는 옮긴이 주이며, 독자의 이해를 돕기 위해 원서에 없는 자료사진들도 다수 첨부하였습니다.
- 저자와 공동연구를 했고 친분이 있었던 김수봉 교수(서울대 물리천문학부)의 추천사를 책 서두에 실었습니다. 편집상의 오류는, 그러나 전적으로 출판사에 있습니다.

대우주는 무수한 뉴트리노를 살게 하지만
대우주 안에서 뉴트리노가 하는 역할을 우리는
그 편린조차 모르고 있다

도쓰카 요지(戸塚洋二)
2008년 6월 1일

| 추천사 |

과학의 열정이 남겨놓은 아름다운 유산
– 도쓰카 교수를 기억하며

김수봉
서울대 물리천문학부 교수

작년, 여름으로 접어드는 1학기 말경 나는 갑작스런 비운의 소식 한 가지를 접하였다. 소립자물리학 분야에서 뛰어난 업적을 남겨 강력한 노벨상 후보로 주목받아오던 도쓰카 요지(戸塚洋二) 교수가 힘겨운 암 투병 끝에 결국 운명하셨다는 것이다. 학기말에 닥친 여러 일 때문에 장례식에 참석하지 못하여 너무나 애석했던 나는 올해 6월초 그를 추모하는 1주년 추념 워크숍에는 만사를 제쳐두고 참석하였다. 그것은 다시금 그의 연구업적에 경의를 표하는 소중한 기회이기도 하였다.

이제 가을학기가 막 시작되어 강의 준비를 하고 있던 나는 연구실로 걸려온 전화 한 통을 받았다. 도쓰카 교수가 투병 중에 자신이 만든 블로그('A Few More Month')에 올린 글들을 모아 일본에서 책이 출간되었는데, 이제 곧 국내에서 번역되는 책에 추천글을 부탁한다는 것이다. 나는 정작 그가 죽음을 눈앞에 둔 시점에서 젊은 세대들에게 유언처럼 과학의 아름다움을 역설하는 글들을 인터넷에 올렸다는 사실을 알지 못하였으므로 순간 놀라움과 함께 어떤 전율과도 같은 감동을 받았다. 출판사에서는 '몇 줄의 추천사라도……' 라며 말을 건네 왔지만, 나는 조금의 주저도 없이 그를 추모하는 좀 더 긴 글을 쓰고 싶다고 답하였다. 그리하여 나는 출판사에서 보내온 약 300쪽에 달하는 번역원고를 단숨에 읽고 이 글을 써가고 있는 것이다.

도쓰카 교수와의 첫 대면은, 1986년 미국 펜실베이니아 대학에 박사과정으로 유학 중이던 내가 일본 동경대의 입자물리 국제센터를 방문하였을 때였다. 박사학위 논문 준비를 위해 약 1년 간 동경대에 머무는 동안 슈퍼카미오칸데(Kamiokande) 실험에서 나는 그와 함께 태양에서 날아오는 중성미자(中性微子, neutrino) 연구를 하였다. 도쓰카 교수는 센터의 소장이면서 이 실험의 총책임자였던 2002년 노벨물리학상 수상자 고시바 마사토시(小柴昌俊) 교수를 모시고 일하던 촉망받던 동경대 부교수였던 것으로 기억한다. 그는 고시바 교수의 애제자 중 한 사람이었다.

1987년 2월 말 그곳에서 우리는 엄청난 관측을 하게 되었다. 대마젤란성운의 초신성(超新星, supernova) 폭발에서 날아온 중성미자를 역사상 최초로 관측하였던 것이다. 그리고 나아가 1988년에는 태양에서 날아온 중성미자도 측정하였다. 이것은 오랜 숙원이었던 우주에서 날아오는 중성미자를 관측해낸 과학적 쾌거였다. 고시바 교수는 이 두 가지 연구결과를 근거로 인간이 우주를 보는 시야를 넓혔다는 공적을 인정받아 노벨상을 받았다. 그의 제자인 도쓰카 교수는 그 무렵부터 고시바 교수의 후계자로서 그 다음 실험을 준비 중에 있었다. 그 일환으로 카미오칸데 검출기보다 20~30배가 큰 슈퍼카미오칸데 검출기 건설을 추진하였던 것이다.

도쓰카 교수는 들끓는 열정을 차분함과 냉정함 속에 고스란히 감출 줄 아는 사람이었다. 함께 연구를 진행하던 약 4년여의 시간 동안 박사과정의 연구자인 나의 눈에 비친 그는 약간은 까칠하면서도 엄해보였던 '선생님'이었다. 나는 그 뒤 그곳을 떠나 미시건 대학의 연구원으로 페르미 연구소(Fermi National Accelerator Laboratory)에서 톱쿼크(top quark) 발견에 몰두하였다.

그를 다시 만난 것은 내가 보스턴 대학에 조교수로 부임하여 슈퍼카미오칸데 실험에 본격적으로 참여하게 되었던 1996년이었다. 미국에서 다시 만난 그는 나를 매우 반갑게 맞아주었으며, 어렵게 느껴졌던 인상은 어디론가 사라졌고 친근한 '연구동지'로서 다가왔다. 솔직히 조용하고 내성적인 인상 탓인지 학생시절 여러 연구원들을 아우르는 그의 리더십에 의아심을 품었던 나로서는 세월이 그를 많이 바뀌게 한 것을 확연히 느낄 수 있었다. 그는 이미 세계적인 학자로서 인정받고 있었을 뿐 아니라, 고시바 교수 제자의 위상을 뛰어넘어 국제적인 슈퍼카미오칸데 실험의 총책임자 역할을 훌륭히 수행하고 있었다. 학생 때 엄해 보였던 '선생님' 의 이미지는 중성미자 연구를 함께 하는 '동지' 로서 바뀌게 된 셈이었다.

돌아보건대 그는 나에게 매우 특별한 분이다. 나는 그에게 내 연구인생에서 중요한 시점에 많은 신세를 졌다. 보스턴 대학에서 모국인 서울대로 부임할 때 강력한(?) 추천서를 써주신 것은 물론이고, 승진할 때도 역시 빠트리지 않고 천거해 주신 분이다. 그뿐만이 아니다. 한국에서 긴요한 연구비를 받으려 했을 때 도쓰카 교수는 기꺼이 손수 국내 연구재단에 편지를 써주시는가 하면, 슈퍼카미오칸데 실험과 일본에서 진행되는 국제공동연구와 실험에 한국 연구자들이 참여할 수 있도록 많은 도움을 주신 분이기도 하다.

잊을 수 없는 기억이 하나 있다. 한국 내에서는 어마어마한 비용 때문에 중성미자 실험설비가 없어서 해외관측시설을 이용하는 국제공동연구만을 하다가, 최근 영광 원자력발전소 부근에 원자로에서 방출되는 중성미자를 이용하여 아직 측정되지 못한 중성미자의 성질을 연구하는 실험설비를 구축 중에 있다. 바로 이 무렵 일본 고에너지가속기 공동연구기구(KEK) 소장으로 재직 중이던 도쓰카 교수가 나를 부른 적이 있다. 한국에서 추진하는 중성미자 실험에 깊은 관심을 가지고 격려와 조언을 주기 위함이었다.

병세가 심해져 임기를 다 채우지 못하고 소장을 그만두기 직전이라, 방안은 포장한 책 상자로 가득하였다. 소파에 앉아 자료를 보여드리는 와중에도 그는 참지 못할 정도로 기침이 지속되어 대화가 몇 번이나 중단되기도 하였다. 결국 나에게는 그것이 그와의 마지막 만남이 되어버렸다. 그래서 마음이 더욱 아프다. 내년(2010)에 완공될 영광의 중성미자 실험시설을 사용하여 그분이 관심을 가지고 소망했던 연구결과를 얻어내리라 다시 한 번 다짐해 본다.

이 글을 쓰면서, 과학자에게 국적의 경계란 어떤 의미를 지닐까 다시 한 번 더 생각해 보게 되었다. 유고집이 되고만 이 책에서도, 인류사회를 위해 원자핵의 평화적 사용과 환경문제를 해결하는 획기적인 에너지원 창출을 고민하고 고투하는 그의 모습을 그릴 수 있기에 더욱 그렇다. 언젠가 나는 지하 1,000미터 깊이의 슈퍼카미오칸데 실험장치 안에서 도쓰카 교수와 함께 하루 종일 데이터 수집을 같이 한 적이 있다. 그날은 여러 가지 이야기를 마치 친구처럼 나눌 수 있었던 매우 소중한 하루였다. '선생님' 이나 '연구동지' 를 지나, 이제는 마치 아주 오래된 '친구' 로서 격의 없는 대화를 하였던 경험이었다. 그래서인가. 그의 죽음이 오랜 친구를 먼저 떠나보낸 슬픔으로 다가오는 것이. 참으로 애석한 일이다.

추억하자면 한이 없을 것이다. 슈퍼카미오칸데 실험장치 부근의 한적한 마을인 히가시-모즈미(東茂住)에 위치한 동경대 카미오카 관측소 소장으로 계실 때도 생각난다. 초기 위암 진단을 받고 일단 완치된 후, 그는 틈이 나면 주변을 산책하며 그곳에 자라는 식물의 형태와 특성에 깊은 관심을 가졌었다. 나에게도 자신이 채집한 이름 모를 식물을 보여주며 그것의 특성에 대해 아주 흥이 나서 설명해 주던 것이 기억에 새롭다. 죽어가는 순간까지도 살아있고 운동하는 것에 전력을 집중하여 관심을 갖는 이 고매한 과학자에 대해 갖게 된 경외감이 깊이 마음 속에 새겨지는 순간이었다. 어느 날 저녁이었을 것이다. 의논할 일이 있어 관측소의 소장실에 들렀는데, 그는 나를 반갑게 맞아들이면서 술 한 잔 하라 권하는 것이 아닌가. 위암 진단을 받기 전에는 일본 정종 사케나 위스키를 즐겨마시던, 그러나 이미 수척해진 얼굴로 술 권하던 도쓰카 교수의 인간적인 풍취가 지금도 눈에 선하다.

1998년, 일본과 미국, 그리고 한국의 슈퍼카미오칸데 실험 국제공동연구진은 서로 종류가 다른 중성미자들 사이에 변환이 일어난다는 획기적인 연구결과를 발표하였다. 이 논문은 지금까지 이 분야에서 역사상 가장 많이 인용된 것으로 알려져 있다. 도쓰카 교수는 이 연구업적으로 매년 10월 초가 되면 노벨물리학상 후보자로 거론되어 왔다. 아마도 몇 년 만 더 살아계셨다면 틀림없이 수상하셨을 터이니 그의 죽음이 더욱 안타깝다. 아직도 그의 스승인 고시바 교수는 노벨상을 수상하고도 살아계시는데…….

그러나 나는 한편으로 이런 생각을 하며 그의 죽음이 주는 애석함을 다독여본다. 그의 죽음이 새삼 일깨워주는 바는, 그가 남긴 탁월한 업적과 미완의 성취 이면에 있는 과학자로서의 그의 열정과 투철함이 아니겠는가 하고 말이다. 입신양명을 쫓아 과학적 스캔들도 마다않는 풍토에서, 죽는 순간까지 겸허한 탐구자의 자세를 잃지 않았던, "자신의 생명이 소멸한 후에도 세계는 아무 일도 없었던 듯 진행되어 갈 것"이라며 애써 초연한 태도를 견지하면서도, "자신의 생에 남겨진 몇 개월(Few More Month)이라는 시간 동안의 두려움을 견디며 후세대들에게 과학의 오묘함을 가르쳐주려 했던 그 과학자적 열정으로 인해 그는 오래 기억될 것이다. 이 책은 바로 그러한 열정이 남긴, 한 위대한 과학자의 영혼이 숨쉬는 아름다운 유산이라 할 수 있을 것이다.

그가 남긴 글을 정리하여 이 책을 출간한 부인 도쓰카 히로코 씨의 권두사에 나오는 시칠리아 섬에서의 이야기는 나에게 특별한 감회를 가져다준다. 나 자신이 다음 주면 이 섬의 에리체에서 열리는 학회에 발표를 하러 가기 때문이다. 그곳에서 그 분에 대한 추억을 되새기고 그 분의 발자취를 느껴보리라.

이 책은 심오한 물리학 지식을 젊은 이공계 학생들에게 애써 쉽게 설명하려는 도쓰카 교수의 노력과 예지가 돋보인다. 그러면서도 물리학과 연구를 평생 사랑했던 교수의 멋진 인간미를 곳곳에서 느낄 수 있는 실로 값진 과학입문서가 아닐 수 없다. '과학입국' 을 주창한지 오래이면서 도 왜 가까운 나라와의 격차를 쉽게 좁히지 못하는가를 미루어 짐작케 하는, 참으로 소중한 이 열정, 과학에 대한 사랑! 비록 암에 굴복하셨지 만, 물리학을 사랑한 그의 이 열정은 아직도 옆에서 살아 숨 쉬는 것만 같다. 도쓰카 선생님, 연구동지, 그리고 나의 친구여, 고이 잠드소서!

2009년 9월 10일

| 출간에 즈음하여 |

과학과 더불어 행복했다고 말하고 싶어 한 사람

도쓰카 히로코(戸塚裕子)

이탈리아 시칠리아 섬의 고립된 산 위에 에리체라는 조그마한 마을이 있습니다. 그 마을의 역사는 아주 오래되었는데, 기원전 8세기경 그리스에서 이주해온 사람들이 만들었다고 합니다.

중세에는 북쪽에서 내려온 바이킹이 이곳까지 공격해 와서 성을 쌓았는데, 언제부터인지 폐허가 되어버렸습니다. 약 40년 전 어느 고명한 물리학자가 이곳을 복원하고 되살려 국제여름학교를 열었습니다. 지금은 이탈리아 국내외로부터 관광객도 찾아옵니다. 화려한 곳이 아니기에 일본의 관광 카탈로그 등에서는 쉽게 찾아볼 수 없는 곳입니다.

이 여름학교에는 전 세계로부터 우수한 학생들이 모여드는데 일본에서도 몇 명 참가합니다. 남편은 강사로 몇 차례 초빙되어 학생들과 함께 합숙하며 소립자물리학에 관한 강의를 했습니다.

그 무렵 이런 일이 있었다고 합니다. 어느 날 식당에서 수북이 담긴 빵을 앞에 놓고 학생들과 식사를 하고 있을 때 생면부지의 한 학생이 찾아와 남편에게 강의 내용 중 잘 모르는 부분이 있어서 그러니 가르쳐달라고 하더랍니다. 그 학생은 머뭇머뭇하면서도 자기 자신의 생각을 분명히 말하더라는 것이었습니다.

남편은 가끔 그리운 듯 그때의 일을 들려주곤 했습니다. 학생의 입장에서 보면, 남편은 이름만 아는 처음 만나는 나이 많은 선생님입니다. 짧다고는 하나 침식을 같이 하는 편한 분위기도 아마 한몫 했겠지요. 남편도 젊은 사람이 친근하게 말을 걸어온 것이 무척이나 기뻤던 모양입니다.

▲ 이탈리아 시칠리아 섬에 있는 에리체(Erice).

생각해보면 이 일은 남편이 젊은 사람들에게 과학의 재미를 전해주고 싶다고 마음먹게 한 원점이 된 경험이었던 것 같습니다.

그런 남편은 2001년 대장암 수술을 받았고, 2004년에는 오른쪽 폐에 두 군데나 암세포가 전이되어 다시 수술을 받았습니다. 게다가 2005년에는 또 왼쪽 폐에 다발성 종양이 발견되어 항암치료를 받으며 긴 투병생활을 해야 했고, 결국 2008년 7월 10일 세상을 떠났습니다.

남편이 죽기 직전까지 자신의 블로그에 써나갔던 글이 여기에 실린 「마지막 강의」입니다.

남편은 블로그에 쓴 글을 친척이나 아주 친한 지인들에게 근황 보고라는 형태로 올리고 있었습니다. 그 글을 읽은 사람들 중에는 "(과학에 관한) 그런 글을 빨리빨리 쓸 수 있다니 좋겠네요"라고 말하는 사람도 있었습니다. 그러나 실상은 전혀 다릅니다. 항암제의 부작용 때문에 늘 집필할 수 있는 상태는 아니었습니다. 컨디션이 좋을 때 써둔 원고를 기분이 좋으면 올리곤 했습니다.

남편 같은 실험가는 대개 이론가들보다 바빠서 좀처럼 집필할 시간을 낼 수가 없습니다. 그래도 실험가의 눈으로 본 과학입문서가 필요하다고 생각했던 것 같습니다. 입버릇처럼 늘 "현역에서 물러나면 글을 써야지" 했으니까요.

병 때문이기는 하지만 현역에서 물러나 다소 시간의 여유가 생겼습니다. 그리고 「마지막 강의」 집필에 몰두했습니다. 막상 글을 쓰기 시작하자 이것도 써야지, 저것도 써야지, 하면서 구상이 점점 불어났던 것 같습니다. "앞으로 공부할 게 많아서 기분이 좋아. 그건 그런데 시간이 좀 있었으면……." 씁쓸하게 웃는 얼굴로 이렇게 중얼거리곤 했습니다. 그럴 때는 무슨 말을 해야 좋을지 몰라 살짝 웃어줄 수밖에 없었습니다. 더 많이 쓰고 싶은 본인의 마음이야 오죽했겠습니까.

남편은 여기에 있는 글을 올리기 전에 "당신이 이해할 수 있다면 누구라도 이해할 수 있을 거요" 하면서 저에게 읽어보도록 했습니다. 제가 "어려워요. 수식이 나오면 건너뛰고 읽게 돼요"라고 솔직하게 말하면 "이걸 읽는 사람은 우수한 아이들이니까 괜찮을 거요. 그리고 설사 이해가 안 된다고 해도, 어떤 계기라도 된다면 그걸로 족해요" 하고 말했습니다.

저도 이 「마지막 강의」가 젊은 사람들이 과학을 생각하는 계기가 될 수 있다면 좋겠다고 생각합니다.

이 책을 출간하는 과정에서, 남편과 생전에 인연이 있었던 미도리 신야(緑慎也) 씨가 기획과 편집을 포함해 전면적인 도움을 주었습니다. 끝으로 이 자리를 빌려 깊이 감사하다는 말씀을 전합니다.

이것으로 남편이 준 숙제를 끝낼 수 있게 되었습니다. 감사합니다.

2008년 8월 9일

차례

1부

마지막 강의

$E=mc^2$은 아름답다

이 부(部)는 도쓰카 교수가 2007년 8월에 개설한 블로그 "Few More Months"에 올린 「과학 입문 시리즈」를 중심으로 구성했다. 「과학 입문 시리즈 6」은 생전에 미처 블로그에 올리지 않았지만 그가 세상을 떠난 후 부인이 컴퓨터에서 찾아낸 글이다. 부인에 따르면 도쓰카 교수는 미리 원고를 써놓고 퇴고를 거듭하다가 적당한 때에 올려왔다고 한다. 내용적으로는 거의 완성되어 있다고 생각되기 때문에 최후의 힘을 쥐어짜내 쓴 이 원고를 같이 수록하기로 했다.
또 「과학 입문 시리즈」와 밀접하게 관련된 내용이라고 생각되는 원고를 서두에, 그리고 '번외 편'으로 함께 실었다.(웹사이트 '창조성의 육성 학교(創造性の育成塾)'에 투고한 것 중에서도 두 편을 다시 실었다.) 또한 분명한 오기는 정정하고 ( )를 달아 적당히 주를 달았다.(한국어판 본문에서는 「과학 입문 시리즈」라는 명칭을 「마지막 강의」로 대체했다.)

| 강의를 시작하며 |

신의 사랑은 다윈과 갈릴레오에게도 미칠까

제가 아는 사람 중에 케이스웨스턴리저브 대학(Case Western Reserve University)의 교수인 로렌스 크라우스(Lawrence Krauss)라는 고명한 우주 물리학자가 있습니다. 젊었을 때 그는 피어싱을 하고 이상야릇한 차림으로 회의에 나타나곤 했습니다. 작년(2006)에 오랜만에 만났는데 '제대로 된' 티셔츠를 입은 평범한 어른이 되어 있어 깜짝 놀랐습니다. 그는 전문 연구 분야만이 아니라 경쾌하고 재치 있는 에세이를 써서 과학 계몽에 힘쓰고 있는 것으로도 널리 알려져 있는 사람입니다.

우주의 신비를 흥미롭게 이야기하는 것도 특기입니다만, 과학자로서 진화론이 올바르다는 것을 주장해오면서 그리스도교 원리주의의 근본인 창조론에 계속해서 도전해온 것으로도 또한 잘 알려져 있는 사람입니다. 그에 대해 흥미 있는 사람은 홈페이지(http://krauss.faculty.asu.edu/)를 방문해보십시오.

그의 이름을 다시 떠올린 것은, 2007년 9월 17일자 『뉴스위크』지에서 「신은 다윈에게도 사랑의 손을 내밀 수 있을까?」(Can God Love Darwin, too?)라는 기사를 봤기 때문입니다.

만일 유일신이 만능이라면 신이 우주나 우주에 존재하는 만물, 특히 인간을 만들어내셨을 것이라고 생각하는 것은 자연스럽습니다. 그렇지 않다면 신의 존재 가치는 반감되고 말겠지요.

이에 반해 1859년 찰스 로버트 다윈(Charles Robert Darwin, 1809~1882)이 세상에 던진 『종의 기원』(On the Origin of Species by Means of Natural Selection or the Preservation of Favoured Race in the Struggle for Life. 정식 명칭은 『자연 선택에 의한 종의 기원에 관하여』)은, 신이 개개의 생물을 창조한 것이 아니라 태고에 존재한 단일 또는 소수의 고대 생물이 자연 선택의 원리에 따라 지금 지구에 살고 있는 수많은 종으로 분화해 갔다는 이론을 숱한 관측과 실험을 통해 증명하려고 한 논문입니다. 이것에 이어 나중에 출판된 책에서 그는 인간도 단순한 종에서 분화한 동물이라고 주장했습니다.

진화론이 그리스도교 원리주의자들의 창조론과 정면으로 대립하는 개념이라는 것이 분명함에도 불구하고, 당시 영국에서는 '다윈의 불독(bulldog)' 이라 불린 토머스 헉슬리(Thomas Henry Huxley, 1825~1895)

등의 계몽 활동으로 진화론은 과학계만이 아니라 국민들 사이에서도 급속하게 인정을 받은 것 같습니다.

일신교와 거리가 먼 일본에서는 진화론을 의심하는 사람은 거의 없을 것입니다. 그러나 과학이 가장 발달한 나라인 미국에서는 여전히 창조론이 세력을 떨치고 있는 모양입니다. 생물학과에서 진화론을 가르치는 것을 금지하고 있는 대학이 있다고 하니 그저 놀라울 뿐입니다.

더욱 놀라운 것은 『뉴스위크』지에서 실시한 최근 여론조사에서 48퍼센트의 미국인이 "신은 과거 1만 년 전의 어느 때에 지금과 같은 모습을 가진 인간을 만들어내셨다!"라고 대답했다는 사실입니다.

그런데 과학 선진국 미국에서 왜 이러한 '비' 과학적인 신념이 살아남았을까요?

한 가지 유추해 볼 수 있는 것이 있긴 합니다. 과학적 관찰이나 실험으로 얻은 결과를 가지고도 하나의 과학적 해석이 유일하지 않은 경우는 많습니다. 아니, 그것이 일반적인 경우인지도 모릅니다. 최신의 분류학, 화석학, 유전학, 분자생물학의 식견을 총동원했을 때 99퍼센트 이상의 과학자는 생물의 '진화 · 분화'를 의심하지 않는다고 생각합니다. 그러나 1퍼센트 이하라고 해도, 단편적이거나 특이한 과학적 근거를 기초로 진화론에 회의적인 과학자는 존재합니다.

그리스도교 원리주의자들은 풍부한 자금을 기반으로 이러한 소수 과학자의 의견을 대대적으로 선전합니다. 그들의 기본적인 수법은, 진화론은 확립된 학문이 아니라 아직 그 올바름이 한창 논의되고 있는 중이라는 잘못된 인상을 국민들에게 심어주는 일입니다.

저널리즘이 과학을 보도할 때는, 설사 반론을 호소하는 과학자의 수가 전체의 0.1퍼센트이고 그 주장이 거의 근거가 없는 경우에도 흔히 두 이론을 병기하는 방식으로 기사를 씁니다. 이것이 저널리즘이 주장하는 '균형' 인지는 몰라도, 이러한 기사들은 사람들에게 진화론은 여전히 논의 중에 있는 이론(가설)이다, (따라서) 창조론은 아직 근거가 있다는 인상을 주는 것입니다.

저널리즘의 위험은 이렇듯 과학 보도에도 분명히 존재합니다. 그래서 크라우스 교수의 분투가 필요하게 된 것입니다.

▲ 갈릴레오(왼쪽)와 다윈(오른쪽).

다윈으로부터 약 200년을 거슬러 올라간 1632년, 갈릴레오 갈릴레이(Galileo Galilei, 1564~1642)는 『프톨레마이오스와 코페르니쿠스의 2대 세계체계에 관한 대화』(Dia1ogo sopra i due massimi sistemi del mondo, tolemaico e copernicaon)를 출판했습니다. 『천문대화』(天文對話)라고도 줄여서 부르는 이 책은, 대화 형식을 사용하여 '지동설' 의 올바름을 입증하면서 '천동설' 을 주장하는 전통적인 철학자들을 호되게 혼내주는 내용입니다.

성서에는 "땅은 단단해서 움직이지 않는다. 태양은 뜨고 다시 지며 다음 날 그것을 되풀이한다"라고 되어 있다고 합니다. 그러니 갈릴레오의 지동설은 진화론과 마찬가지로 그리스도교 원리주의에 정면으로 반한 주장이었던 셈입니다. 갈릴레오는 이로 인해 다윈과는 비교가 되지 않을 정도로 고난을 겪었습니다. 그러나 지금은 지구가 태양의 주위를 움직이고 있다는 사실을 의심하는 사람은 없을 것입니다.(물론 광신적인 사람을 제외하고.)

유럽의 역사를 보면, 1500년대에 종교개혁의 폭풍이 불기 시작했고, 그 기세는 점차 거세졌습니다. 1600년대에 들어서도 종교개혁의 여파는 계속되었고, 1618년부터 1648년까지 계속된 30년 전쟁으로 유럽은 극에 달할 정도로 황폐해졌습니다. 주요 전장이 된 독일의 인구는 1,600만 명에서 600만 명으로 3분의 1로 줄었고, 촌락의 6분의 5는 파괴되었다고 합니다.

여담이지만, 최근 1년 동안 여가가 나는 대로 1500~1600년대 유럽 대륙의 역사를 거듭 읽어보았습니다. 이유는 어떻게든 이라크전쟁이 지닌 내면의 일단을 이해해볼 수 있지 않을까 해서였습니다. 오랜 시간 이라크에서는 이슬람교의 두 종파가 서로 피로 피를 씻는 처참한 싸움을 계속해 왔습니다. 이것은 바로 종교전쟁이 아니겠는가, 그렇다면 400년 전 유럽에서 일어난 종교전쟁에서도 이라크에서와 같은 비참한 일이 일어나지 않았을까, 하는 상상으로 옮겨가기도 했습니다.

앞서 짧게 언급한 것처럼 1600년대의 유럽은 현재의 이라크가 평화롭고 한가하게 보일 정도로 참화 속에 있었습니다. 그 와중에도 약간 남쪽에 웅거한 그 시대의 이탈리아는 아직도 르네상스의 흥분이 가라앉지 않을 때였습니다. 물론 바티칸은 전통적 그리스도교를 수호하려고 매우 신경질적이었습니다. 갈릴레오 갈릴레이가 태어난 시대는 바로 이러한 격동기였습니다.

『천문대화』를 읽으면 갈릴레오의 생각은 오늘날 과학자의 생각과 조금도 다르지 않다는 것을 알 수 있습니다. 그는 관측 사실을 중시하고, 기하학 등 수학의 지식을 구사하여 관측 사실을 해석하려고 했습니다. '해석'이라고 표현했습니다만, 더 적극적으로는 관측 사실을 어떻게 하면 좀 더 체계적으로 이해할 수는 없을까, 즉 훌륭한 이론을 만들어낼 수는 없을까, 하는 것을 열심히 생각한 것입니다.

갈릴레오의 시대에 최신 과학 기구로 망원경이 등장했습니다. 그 위력은 지대해서 목성의 위성, 혜성, 태양의 흑점, 차고 기우는 금성, 울퉁불퉁한 달의 표면 등 차례로 새롭게 관측된 사실들이 더해졌습니다.

이렇게 관측된 사실들로부터 필연적으로 나온 것이 코페르니쿠스(Nicolaus Copernicus, 1473~1543)가 제안했던 새로운 주장, 즉 대지의 주위를 태양이나 행성, 별들이 움직이는 것이 아니라 태양을 중심으로 지구나 행성들이 움직이고 있다는 해석이었습니다. 바로 지동설이 그것입니다.

그러나 세상은 격동의 시대였습니다. 로마교황청이 가만히 있을 리 만무했습니다. 1633년의 종교재판에서 갈릴레오는 유죄가 선

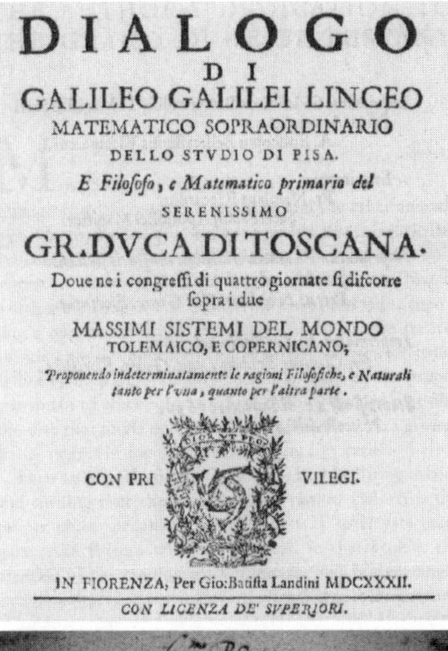

DIALOGO
DI
GALILEO GALILEI LINCEO
MATEMATICO SOPRAORDINARIO
DELLO STVDIO DI PISA.
E Filosofo, e Matematico primario del
SERENISSIMO
GR.DVCA DI TOSCANA.
Doue ne i congressi di quattro giornate si discorre
sopra i due
MASSIMI SISTEMI DEL MONDO
TOLEMAICO, E COPERNICANO;
*Proponendo indeterminatamente le ragioni Filosofiche, e Naturali
tanto per l'vna, quanto per l'altra parte.*

CON PRI VILEGI.

IN FIORENZA, Per Gio:Batista Landini MDCXXXII.
CON LICENZA DE' SVPERIORI.

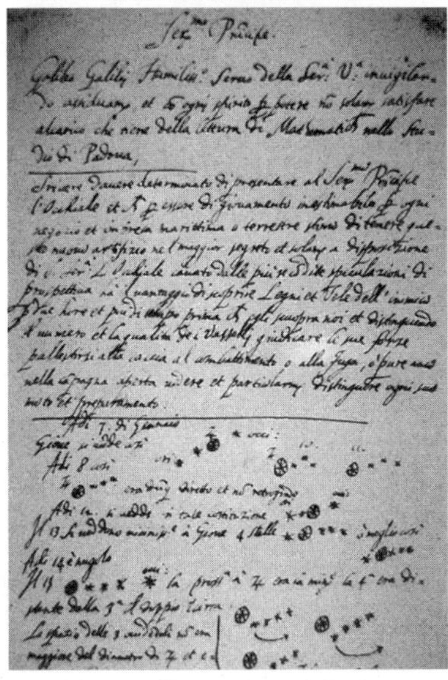

▲ 갈릴레오의 『천문대화』(위)와 친필(아래).

고되어 지동설을 포기하라는 명령을 받았고, 화형은 면했지만 자택에 연금되는 처지가 되었습니다. 장님이 된 갈릴레오는 1642년 유폐된 지역인 아르체트리에서 죽었습니다.

이 인고의 시절에, 몇 년에 걸쳐 완성한 것이 그의 마지막 책 『두 개의 신과학(新科學)에 관한 수학적 논증과 증명』(Discorsi e dimonstrazioni mathematiche intorno a due nuove scienze attenenti alla meccanica)입니다. 이 책은 근대과학의 여명을 알리는 책이었습니다. 부끄럽게도 저는 아직 이 책을 읽어보지 못했는데, 얼마 전 아마존에 주문했습니다.(헌책이지만 4,207엔이었습니다.)

▲ 바르샤바 폴란드 과학아카데미 앞에 있는 코페르니쿠스 동상(왼쪽)과 『천체의 회전에 관하여(De Revolutionibus Orbitum Coelestium)』(1543년)에 나온 태양중심설 모델(오른쪽).

사족입니다만, 『두 개의 신과학(新科學)에 관한 수학적 논증과 증명』을 출판한 곳은 네덜란드의 엘제비어(Elsevier) 출판사였습니다. 그래서 좀 놀랐습니다. 왜냐하면 제가 일해 온 연구그룹도 수십 편이나 되는 논문을 엘제비어 출판사에서 발간하는 저널에 발표했기 때문입니다. 또한 저는 최근까지도 그 저널의 편집 일을 맡았습니다. 제가 잘 아는 엘제비어 국제출판부장으로부터는 아직도 때로 메일이 오고 있지요.

갈릴레오가 죽은 해인 1642년, 영국에서 아이작 뉴턴(Isaac Newton, 1642~1727)이 태어났습니다.(300년 후인 1942년, 제가 태어났습니다. 관계없습니다만…….)

그 후 역사의 과정을 보면 마음이 어느 정도 편안해지게 됩니다. 위키피디아 사전에 따르면 이렇습니다.

● 1727년 갈릴레오의 유해는 산타 크로체 대성당의 호화로운 묘실로 옮겨졌다.

▲ 이탈리아 피렌체에 있는 우피치(Uffizi) 미술관 앞의 갈릴레오 석고상.

● 1741년 갈릴레오의 모든 저작물의 출판이 허가되었다.

● 1758년 지동설에 관한 책 출판의 금지가 해제되었다.

● 1992년 공식적으로 갈릴레오의 명예가 회복되었다. 교황 요한 바오로 2세는 갈릴레오의 재판에 대해 유감의 뜻을 표했다.

갈릴레오의 『천문대화』가 세상에 나오고 약 100년 후인 1700년대 초, 지구가 태양의 주위를 돌고 있다는 것을 의심하는 사람은 이미 없어졌고, 교황청도 지동설을 인정하지 않을 수 없게 되었다는 것을 알 수 있습니다.

이유는 분명합니다. 방대한 관측된 사실들을 설명할 수 있는 것은 지동설이 유일하고 다른 해석이 들어갈 여지가 없어졌던 것입니다.

이 점이 진화론과 약간 다른 점 같습니다. 다윈의 『종의 기원』이 출판된 것은 1859년입니다. 이미 150년이 지났음에도 불구하고 마치 논란의 여지가 많은 학설인양 간주되고 있으니 말입니다. 생물학이나 생명과학의 진보는 갈릴레오의 천문학이 진보한 것에 비해 다소 늦은 감이 있는 것 같기도 합니다. 생물학 · 생명과학에 관련된 연구자들의 분발이 한층 필요한 것 같습니다. 천문학에 비해 그렇게 어려운 학문도 아닐 테니 말입니다.

진화론을 주장한 다윈은 사후에 곧 영국에서 가장 위대한 과학자의 한 사람으로서 웨스트민스터 대성당에 매장되었습니다. 근처에는 위대한 물리학자 아이작 뉴턴도 매장되어 있습니다. 신의 사랑은 다윈과 갈릴레오에게도 미칠까? 과학자가 이 물음 앞에 초조할 이유는 없을 것입니다. 그에게 필요한 것은 스스로 확인한 진실에 관한 자기 확신뿐입니다.

(2007년 9월 30일)

아인슈타인의 "신은 주사위를 던지지 않는다"

먼저 이 강의의 첫 순서로, 아인슈타인이 했다고 전해지는 말 "신은 주사위를 던지지 않는다"에 대해 이야기해보려고 합니다.

갓 태어나 아직 한 살이 안 된 갓난아이 1,000명을 골랐다고 합시다. 그들은 해가 지남에 따라 성장해갑니다만, 여러 가지 원인으로 죽는 일이 있습니다. 어떤 햇수, 예를 들어 'T' 년 후에 다행히 아직 생존해 있는 사람 수를 'N' 명이라고 합시다. 세로축에 수치 N을 놓고 가로축에 경과한 햇수 T를 놓으면 그 그래프는 다음과 같이 될 것입니다.

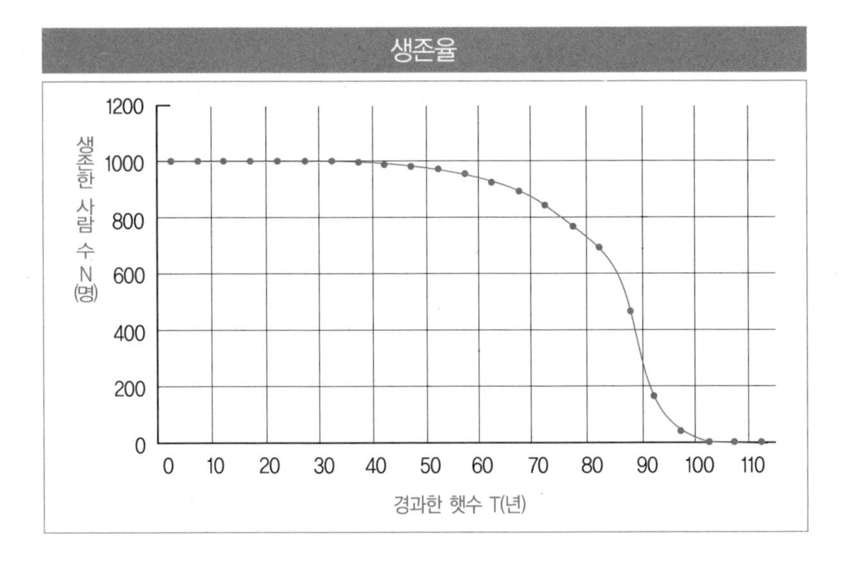

20세기 전반까지 보통 사람이든 위대한 과학자든 누구나, 이 그래프에 나타난 변화를 가져오는 개별 사람들의 죽음에는 반드시 원인이 있었다고 생각하여 너무나 당연한 일로 받아들이면서 아무런 의문도 가지지 않았습니다. 물론 저도 그것을 의심하지는 않습니다.

어떤 '결과' 가 나왔을 때는 반드시 그 '원인' 이 있다고 전제하는 것을 '인과율' 이라고 합니다. 철학에서 인과율의 존재는 의심할 수 없는 원리였습니다. 과학자들도 마찬가지로 이 인과율은 극미한 세계로부터, 인간이 지각할 수 있는 세계, 그리고 대우주의 구조에도 당연히 적용된다고 생각했습니다.

1896년, 프랑스의 과학자 앙리 베크렐(Antoine Henri Becquerel,

1852~1908)*은 원자에서 뭔가가 방사되어 검은 종이로 감싼 사진건판을 검게 한다는 사실을 발견했습니다. 그리고 그 미지의 뭔가를 방사선이라고 명명했습니다.

19세기말부터 프랑스의 퀴리 부부**나 영국의 어니스트 러더퍼드(Ernest Rutherford, 1871~1937)는 이 방사선을 상세하게 연구했습니다. 특히 러더퍼드는 퀴리 부부가 발견한 높은 방사능을 가진 라듐을 사용하여 상세한 연구를 했고, 다음 세 가지의 무척 중요한 사실을 발견했습니다.

● 방사선에는 세 종류, 즉 알파선, 베타선, 감마선이 있으며 각각 헬륨의 원자핵, 전자(또는 그 반입자인 양전자), 에너지가 높은 전자기파 또는 광자라는 것을 발견했습니다.

● 방사선은 굉장히 높은 에너지를 갖고 있다는 사실을 알아냈습니다. 보통의 화학 반응에서는, 예를 들어 에틸알코올을 태우면 반응 에너지는 1몰 당 1,368킬로줄입니다. 1몰의 화학반응에서는 반응하고 있는 분자의 수가 방대하기 때문에 이를 1분자 당 반응에너지로 바꾸면 답은 14전자볼트라는 수치가 됩니다.(1볼트의 전압으로 1개의 전자가 얻는 에너지를 1전자볼트라고 합니다. 에너지의 단위에 전자볼트라는 것이 있다는 것만은 기억해

---

* 프랑스의 물리학자. 우라늄 등에서 모종의 방사선이 나온다는 것을 처음으로 발견했다. 1903년 퀴리 부부와 함께 노벨 물리학상을 공동수상했다.
** 피에르 퀴리(Pierre Curie, 1859~1906)와 마리 퀴리(Marie Curie, 1867~1934). 퀴리 부부는 함께 방사능을 연구하여 폴로늄과 라듐을 발견했다.

두기 바랍니다. 분자나 원자 당 에너지를 측정하는 데 편리합니다.)

그런데 라듐226이라 불리는 라듐 원자핵으로부터는 487만 전자볼트의 운동에너지를 가진 알파선이 나옵니다. 알파선은 1개의 헬륨 원자핵이기 때문에 화학반응의 1분자 당 에너지와 비교하지 않으면 안 됩니다. 그렇게 하면 알파선의 에너지는 에틸알코올 1분자의 화학반응에 비해 34만 8,000배나 됩니다!

● 라듐226의 수는 방사선을 방출하며 조금씩 줄어들어 다른 원자핵이 되어간다는 사실을 알 수 있었습니다. 줄어든다는 것은 라듐226이 죽어간다는 뜻입니다. 그러므로 인간의 생존율처럼 원자핵의 생존율도 도표로 표시할 수 있습니다. 다음 도표가 그것입니다.

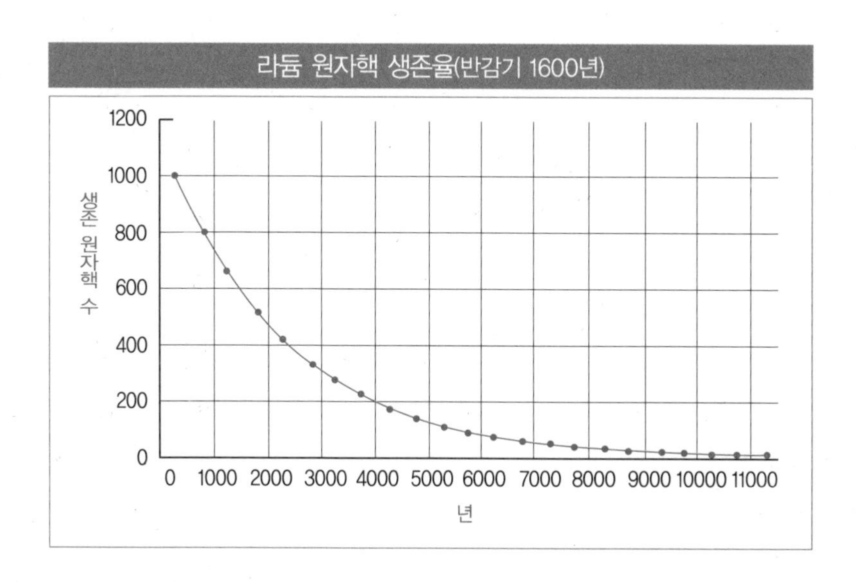

여기서는 원자핵이 줄어드는 방식이 인간의 그것과 달리 어떤 종류의 원자핵의 경우도 완전히 동일한 법칙으로 줄어든다는 사실을 알 수 있습니다. 라듐226은 1,600년이 지나면 최초에 있었던 원자핵 수는 절반으로 줄어듭니다. 그리고 다시 1,600년이 지나면 절반이 된 수는 다시 절반이 되어 최초의 4분의 1이 됩니다. 이런 식으로 점점 진행되면 최종적으로 라듐226은 모두 다른 원자핵으로 바뀌어버리고 맙니다. 이 1,600년을 '반감기' 라고 부릅니다. 그리고 이렇게 줄어드는 방식은 '지수함수' (exponential function)*라는 간단한 수식으로 표시할 수 있습니다. 원자핵이 줄어드는 이것을 원자핵의 '붕괴' 라고 합니다.

이번 이야기는 이 세 번째 발견에 관한 것입니다. 인간이 죽는 것과 달리 원자핵은 확실한 법칙에 기초하여 붕괴됩니다. 과학이란 이러한 법칙을 어떻게 '해석' 할지를 규명하는 작업이기도 합니다.

수학적으로 표시된 지수함수적 감소는 사실 엄청난 사실을 숨기고 있었습니다.

그것은, "원자핵의 붕괴에는 붕괴를 재촉하는 원인이 되는 여러 가지 매개변수(parameter)가 들어 있는 것이 아니다. 여기에는 단지 반감기라는 기본적인 매개변수가 존재할 뿐이다. 이것이 의미하는 것은 라듐 원자핵은 아무런 원인도 없이 갑자기 붕괴한다는 것이다. 다만 많은 원자

* 수학용어로서 a를 양의 상수, x를 모든 실수값을 취하는 변수라 할 때 y=ax로 주어진 함수를 가리킨다.

핵 붕괴를 모아놓고 볼 때 통계적으로 그래프에 표시한 것 같은 지수함수적 감소를 보일 뿐이다"라는 사실입니다. 이것을 순수한 '확률 현상'이라고 합니다.

다시 말해 극미한 세계에서 당시까지 아무도, 위대한 물리학자나 철학자조차도 의심하지 않았던 인과율, 즉 뭔가가 일어날 때는 반드시 원인이 있다는 말이 성립하지 않는 현상이 발견되었던 것입니다. 저 위대한 아인슈타인마저도 인과율이 존재하지 않는 이 법칙을 도저히 받아들일 수 없어서 가장 대중적인 확률현상인 주사위놀이를 비틀어 "신은 주사위를 던지지 않는다"라고 중얼거렸던 것입니다.

현상이 원인에 기초하지 않고 확률적으로 일어난다는 법칙은 '양자역학'이라는 완전히 새로운 물리학의 기본 원리가 되었습니다. 20세기의 전자공학(electronics) 등에 의한 과학 · 기술의 역사적 진보는 바로 이 인과율에 의하지 않는 양자역학이 기초가 되어 일어날 수 있었던 것입니다.

그러나 아인슈타인이 왜 그렇게 인과율에 집착했는지는 아무도 알 수 없습니다. 어쩌면 21세기에 다시 패러다임의 대전환이 일어날지도 또한 모를 일이지요.

(2007년 10월 26일)

아인슈타인의 'E = mc²'

❶ 방사선과 태양의 에너지원, 그 하나

강의 1에서, 저는 영국의 어니스트 러더퍼드가 원자핵의 붕괴를 연구하여 세 가지의 중요한 사실을 발견했다고 소개했습니다. 말씀드렸다시피 아인슈타인은 그 세 번째 발견을 이해하는 데 무척 고뇌하였는데, 결국 그는 죽을 때까지 그 발견의 의미를 믿으려고 하지 않았습니다. 이번에는 아인슈타인도 믿었던 러더퍼드의 두 번째 발견을 소개하려고 합니다.

라듐226의 원자핵 붕괴에서 나오는 알파선의 실험 결과입니다. 그 발견을 다시 한 번 써보겠습니다.

● 라듐226의 원자핵 붕괴로부터 나오는 방사선은 굉장히 높은 에너지를 갖고 있다는 사실을 알 수 있었습니다.

보통의 화학반응, 예를 들어 에틸알코올을 태우면 반응 에너지(연소열)는 1몰 당 1,368킬로줄입니다. 1몰의 화학반응에서는 반응하고 있는 분자의 수가 방대하기 때문에 이를 1분자 당 반응 에너지로 바꾸면 답은 14전자볼트라는 수치가 됩니다.

그런데 라듐226의 원자핵으로부터는 487만 전자볼트의 운동에너지를 가진 알파선이 나옵니다. 알파선은 1개의 헬륨 원자핵이기 때문에 화학반응의 1분자 당 에너지와 비교하지 않으면 안 됩니다. 그렇게 하면 알파선의 에너지는 에틸알코올 1분자 당 화학반응에 비해 34만 8,000배나 됩니다!

다시 말해 이것은 원자핵 붕괴로부터 나오는 에너지는 화학반응과는 전혀 다른 새로운 원리에서 발생하고 있다는 사실이 되는 것입니다.

여기서 잠시 딴 이야기를 하겠습니다.

19세기 후반에는 모두들 막연히 생각하고는 있었지만, 굳이 무시하고 있던 문제가 있었습니다. "태양은 어떤 메커니즘으로 에너지를 발생하고 있을까? 태양은 언제까지 빛을 낼 것인가"라는 의문이 그것입니다.

▲ 아인슈타인(왼쪽)과 러더퍼드(오른쪽).

당시까지는 열을 내는 현상이라면 화학반응밖에 알고 있지 못했습니다. 예를 들어 태양이 전부 석탄으로 되어 있어 그 연소(화학반응)로 열을 발생시키고 있다고 생각한다면 어떨까요? 간단한 계산을 해보고 싶어집니다.

몇 가지 정보를 늘어놓아 보겠습니다.

- 태양의 질량 : 1.989×10^{30}킬로그램(kg)
- 태양의 매초 당 열 발생량 : 3.85×10^{26}와트(W=매초 당 줄, J/sec)
- 석탄 1그램 당 연소열 : 매 그램 당 20~30킬로줄(kJ/g)

이것만으로 충분합니다.

태양이 전부 석탄으로 되어 있다고 한다면 그것이 다 탈 때까지 발생하는 총열량은 그램이나 킬로그램 단위에 주의해서 나타내면,

[태양의 질량]×[석탄 1그램 당 연소열] = $4.0 \sim 6.0 \times 10^{37}$줄

이 됩니다. 태양이 다 탈 때까지의 시간을 계산하기 위해서는, 이 수치를 위에서 든 [매초 당 태양의 열 발생량]으로 나누면 됩니다. 즉,

$4.0 \sim 6.0 \times 10^{37} / (3.85 \times 10^{26})$초 = 3,300~4,900년

이 됩니다.('/' 는 나누기를 의미합니다.)

다시 말해 화학반응으로 태양이 열을 발생하고 있다고 한다면 태양은 3,000~5,000년, 많아야 1만 년 이내에 다 타버리고 만다는 이야기가 됩니다.

그런데 지질학이나 화석 연구를 통해, 지구의 연령은 수억 년이라는 규모로 생각해야 한다는 사실을 우리는 이미 알게 되었습니다. 그러니 태양의 수명이 기껏해야 1만 년인데 지구가 생기고 나서 수억 년이 지났다는 것은 모순이며, 전혀 이해할 수 없는 이야기가 되는 것입니다.

영국의 유명한 물리학자 레일리(John William Strutt Rayleigh, 1842~1919)*는 위의 계산을 기초로 그리스도교의 성서에서 말한 것처럼 신은 1만 년 전쯤에 우주를 만드셨다고 했습니다.

미국의 진화생물학자 굴드(Stephen Jay Gould, 1941~2002)**는 그의 저서에서 "레일리 경이 너무나도 고명한 물리학자여서 지질학자나 화석학자들은 그의 이론에 반론을 제기할 수 없었고, 그 때문에 생물의 진화학은 상당히 늦어졌다"라고 그를 비난했습니다.

그러나 제 생각에 레일리 경에 대한 그의 비난은 잘못 짚은 것입니다. 지질학자나 화석학자가 자신의 연구에 확신을 갖고 있었다면 자기 자리를 걸고라도 레일리 경의 이론에 반론을 제기했어야 합니다. 물리학자는 납득할 수만 있다면 자신의 생각을 바꾸는 데 주저하지 않습니다. 레일리 경도, 만약 그들의 설명을 납득할 수 있었다면 새로운 에너지원 연구에 돌입했을 것이고, 그렇다면 과학의 진보는 오히려 빨라졌을지도 모르는 일입니다.

요컨대 태양의 에너지 발생을 이해하기 위해서는 새로운 원리가 필요했던 것입니다.

바로 그때 러더퍼드의 발견이 나왔습니다. 만약 새로운 에너지 발생이 화학에너지의 약 35만 배라면 태양의 수명은 순식간에 10억 년 이상으로 늘어납니다. 방사선의 에너지 발생과 태양의 에너지 발생은 동일한 메커

---

* 질소의 질량을 측정하는 과정 중 1894년 W.램지와 함께 아르곤을 발견, 그 공로로 1904년 노벨물리학상을 받았다.

** '찰스 다윈 이후 가장 잘 알려진 생물학자'라 불릴 정도로 대중적 영향력이 컸으며 진화생물학의 논점들을 사회적 이슈로 확대시킨 논쟁가로도 유명하다. 진화를 곧 '발전'으로 보는 직선적 생명관, 다위니즘을 벗어나지 못한 서구식 가치체계를 끊임없이 비판해 '좌파적 진화론자'라 불렸으며, "진화는 진보가 아니라 다양성의 증가일 뿐"이라고 주장하여 진화의 기본 개념을 바꾸어놓았다. 진화생물학과 고생물학을 접목시킨 것도 그의 업적으로 평가된다.

니즘에 의해서 이루어지는 게 아닐까 하는 예상이 비로소 가능하게 된 것입니다.

여기에서 1905년에 아인슈타인이 제창한 '특수상대성이론'이 등장합니다. 그 이론으로부터 귀결되는 놀랄 만한 결론이 '$E=mc^2$'이었습니다.

이 식이 어떻게 도출되었는지는 과학 입문의 다른 커다란 주제이기 때문에, 여기서는 아인슈타인의 이 공식이 자연계에서 성립되고 있다는 것만 기억해두기로 하겠습니다.

(2007년 10월 29일)

❷ 방사선과 태양의 에너지원, 그 둘

특수상대성이론의 귀결인 '$E=mc^2$'에서부터 시작해보기로 하겠습니다. 이것은 간단히 말해 "질량 m인 물체는 m에 광속 c(매초 30만 킬로미터)를 제곱한 수를 곱한 에너지 E와 같다"라는 의미입니다.

구체적으로 말하지 않으면 잘 이해할 수 없을 것입니다. 예를 들어 설명해보겠습니다.

수소에는 반물질(反物質, antimatter)*인 반수소가 있습니다. 수소 1그

* 보통의 물질을 구성하는 소립자(양성자, 중성자, 전자 등)의 반입자(반양성자, 반중성자, 양전자 등)로 구성되는 물질을 말한다. 입자와 반입자가 만나면 상호작용하여 감마선이나 중성미자로 변하기 때문에 존재를 확인하기 어렵다. 실제로 확인한 반물질은 반중성자, 반양성자, 반중양성자 등이다.

램에 반수소 1그램을 섞었다고 합시다.(현재의 기술로는 불가능하지만.) 이 때 수소와 반수소의 질량은 모두 에너지로 변환됩니다.

잠깐 정보를 늘어놓겠습니다.

- 수소 원자의 질량 : $m = 1.67 \times 10^{-27}$킬로그램
- 1그램의 수소 안에 포함되는 수소 원자의 수 : $N = 6.02 \times 10^{23}$개
- 광속 : $c = 3.00 \times 10^{8}$미터

그리고 수소 1그램과 반수소 1그램의 전체 에너지는,

$$E = 2 \times mc^2 \times N = 1.81 \times 10^{14}\text{줄}$$

이 됩니다. 앞에서도 썼습니다만 석탄 1그램의 연소량은 20~30킬로줄이었습니다. 다시 말해 1그램의 수소와 1그램의 반수소를 혼합하면 9,000~1만 4,000톤의 석탄을 땐 것과 같은 정도의 열을 얻을 수 있습니다!

$E=mc^2$이 얼마나 대단한 원리인지 아시겠습니까?

러더퍼드가 발견한 방사선의 에너지에도 실은 이 $E=mc^2$의 원리가 사용되었습니다. 라듐226의 원자핵이 알파선을 내며 붕괴하면 라돈222의 원자핵이 됩니다. 식으로 쓰면 알파선은 헬륨4의 원자핵이기 때문에,

라듐226 → 라돈222 + 헬륨4

가 됩니다. 라듐226의 숫자 226을 질량수라고 합니다. 또한 라듐은 원소의 일종이므로 원자 번호도 갖고 있는데 그 수치는 88입니다.

라돈222의 질량수는 222이고 원자 번호는 86입니다.

헬륨4의 질량수는 4이고 원자 번호는 2입니다(여러 숫자가 나와 싫어지나요? 조금만 참아주세요).

헬륨 원자의 질량은 정확히 알고 있습니다. 그러나 라듐226과 라돈222의 질량은, 이것들이 붕괴되기도 하는 연유로 정밀도가 높게 측정할 수 없었습니다. 그래서 원자핵물리학자들은 같은 정도의 질량을 가지는 연필이나 우라늄 등의 질량에 여러 가지 이론적인 생각을 덧붙여서 원자핵의 질량수와 원자 번호를 주면 간단히 계산할 수 있는 질량의 공식을 만들어 사용해 왔습니다.

라듐226, 라돈222, 헬륨4의 질량에 광속의 제곱을 곱하고 앞에서 쓴 붕괴식의 좌변(라듐226)에서 우변(라돈222+헬륨4)을 뺍니다.(등호 '=', 화살표 '→'의 앞 공식을 좌변, 뒤 식을 우변이라고 부른다.) 성가신 계산이지만 답을 쓰면,

mc^2(라듐226) − {mc^2(라돈222) + mc^2(헬륨4)} ≒ 400만 전자볼트

가 됩니다. 질량 공식은 그다지 정밀도가 높지 않기 때문에 100만 전자볼트 정도의 오차가 있습니다.

어쨌든, 즉 우변의 질량이 좌변의 질량보다 400만 전자볼트에 해당하는 양만큼 줄었습니다. 이렇게 줄어든 양이 에너지로 변화되었다고 보는 것입니다. 다시 말해 헬륨4(알파선)의 운동에너지는 대체로 400만 전자볼트일 것이라는 이야기입니다.

알파선 운동에너지의 실측 수치는 487만 전자볼트였습니다. 오차의 범위에서 계산한 수치와 일치합니다.

그다지 정밀도가 높지 않지만 이것으로부터 아인슈타인의 $E=mc^2$이 원자핵 붕괴의 에너지원이라는 사실은 알 수 있었습니다.

여러분 중에는 이상과 같은 고찰이 상당히 엉성해서 진짜일까 하는 생각을 하는 사람도 있을 겁니다.

$E=mc^2$의 진정한 검증은 소립자를 이용해서 이루어집니다.

전기를 띤 파이중간자(π-meson)*는 유카와 히데키(湯川秀樹) 박사가 예언한 입자입니다. 파이중간자는 평균 1억분의 2.6초에 붕괴하여 다른 두 개의 입자, 뮤온(전하를 띠고 있다)이라 불리는 것과 뉴트리노(전하를 띠지 않는다)라 불리는 것으로 변합니다. 식으로 나타내면,

* 원자핵 안에서 핵자를 결합시키는 역할을 하는 소립자를 말하며 파이온이라고도 한다. 1935년 유카와 히데키가 파이중간자의 존재를 예언했으며 1948년 실험을 통해 확인되었다. 이 업적으로 그는 다음 해 노벨물리학상을 받았다.

▲ 교토 대학 기초물리학 연구소 앞에 있는 유카와 히데키 박사 흉상(왼쪽). 아인슈타인과 함께 찍은 사진(오른쪽).

파이중간자 → 뮤온 + 뉴트리노

가 됩니다. 최근에 뉴트리노가 적은 질량을 가졌다는 사실은 알았습니다만 파이중간자나 뮤온에 비하면 굉장히 적기 때문에 여기서는 뉴트리노의 질량을 제로라고 생각해도 좋습니다.

파이중간자와 뮤온의 질량은 정확히 측정되어 있고 그것들을 mc^2으로 표시해보면, 그리고 단위를 100만 전자볼트로 한다면,

mc^2(파이중간자) : 139.57018

mc^2(뮤온) : 105.658369

mc^2(뉴트리노) : 0

이 됩니다. 위 붕괴식의 좌변(파이중간자)은 우변(뮤온+뉴트리노)보다 훨씬 많은 질량을 갖고 있습니다. 줄어든 질량이 뮤온과 뉴트리노의 운동에 사용됩니다.

실험에서는 운동량이라는 측정량이 아주 정밀하게 측정됩니다. 운동량에 대한 설명은 여기서 생략하겠습니다만, 오른쪽의 질량 차에서 뮤온의 운동량을 정확히 계산할 수가 있습니다. 결과는,

운동량(뮤온) = 29.791789

가 됩니다.(운동량에는 단위로 '100만 전자볼트/광속' 이 있습니다만 성가시기 때문에 생략합니다.)

1991년 스위스의 연구소에서 측정된 뮤온의 운동량 수치는,

29.79179(오차 0.00053)

였습니다. 예상 수치와 실험 수치가 보기 좋게 일치했습니다. $E=mc^2$이 엄청난 정밀도로 확인되었다는 것을 이제 알 수 있을 것입니다.

(2007년 10월 30일)

❸ 방사선과 태양의 에너지원, 그 셋

특수상대성이론의 귀결 $E=mc^2$이 원자핵 붕괴의 에너지원이고, 이 식

은 소립자를 이용한 실험으로 의문의 여지없이 증명되었다는 것은 방금 설명했습니다.

이번에는 수수께끼에 싸여 있던 태양의 에너지원을 소개하겠습니다.

1905년 아인슈타인이 특수상대성이론을 발표한 이래, 핵반응 에너지를 논의하기 위해서는 아무래도 $E=mc^2$를 포함하는 아인슈타인의 이론을 빼놓을 수 없다는 사실을 알게 되었습니다.

그 후 원자핵 붕괴만이 아니라 원자핵에 다른 원자핵을 부딪쳐 그 반응을 연구하는 '원자핵물리학'이 급속하게 발전했습니다. 그 때문에 가속기를 비롯한 대형 기계가 발명되기도 했었지요.

1939년 미국의 코넬 대학에 소속해 있던 당시 서른세 살의 한스 베테(Hans Bethe, 1906~2005)* 박사가 한 편의 논문을 발표했습니다. 제목은 『별의 에너지 발생에 대하여』(Energy Production in Stars)였습니다. 이 논문은 태양을 포함하는 항성의 에너지가 핵반응에 의해 만들어진다는 것을 처음으로 밝힌 것입니다.

어떤 주제, 예를 들어 별의 에너지원 등에서 베테 박사가 연구를 시작하면 연구가 어찌나 철저한지, 연구하지 못한 채 남은 과제가 거의 없을

* 독일 태생으로 나치의 박해를 피해 미국으로 이주한 물리학자. 1967년 '원자핵 반응 이론에 공헌, 특히 별의 내부 에너지 생성에 관한 발견' 한 공로를 인정받아 노벨물리학상을 수상했다.

▲ 한스 베테.

정도였습니다. 보통의 연구자가 연구 발표를 한 뒤에는 벌채된 산속에 군데군데 남겨진 나무처럼 연구 과제가 남기 마련인데 그가 훑고 지나간 자리에는 잡초 정도밖에 남아 있지 않습니다. 후속 연구자는 그 후 개량된 실험 장치를 사용해 그의 이론에 기초하여 계산을 하는 정도밖에 할 수 없을 정도로 말이지요. 베테 박사는 별의 에너지원이나 그 밖의 원자핵에 관한 방대한 연구 업적으로 1967년 노벨물리학상을 수상했습니다. 그러나 후속 연구자에 의한 연구의 정밀화 작업도 결코 쉬운 일만은 아니었습니다. 그중에서도 특히 인생의 절반을 바쳐 태양의 에너지원을 연구해온 프린스턴 고등연구소의 존 바콜(John Norris Bahcall, 1934~2005) 박사의 업적을 잊어서는 안 됩니다.(57페이지 이하 참조)

서두가 길어졌습니다. 베테 박사의 결론과 그것에 이어지는 바콜 박사의 결론을 종합하자면, "태양의 중심에서 일어나는 핵융합 반응(4개의 수소1이 합체하여 1개의 헬륨4가 되는 반응)이 태양의 에너지원이다"라는 것입니다.(수소 뒤에 1이 붙어 있는데, 이것은 질량수가 1이라는 것을 나타냅니

다.) 다시 말해,

수소1 + 수소1 + 수소1 + 수소1 → 헬륨4 + 2 × 양전자 + 2 × 뉴트리노

가 됩니다. 헬륨4 뒤에 동시에 만들어지는 양전자나 뉴트리노가 표시되어 있는데 너무 깊게 생각하지 말고 지금은 그냥 무시하고 넘어가세요.

그렇다면 좌변에 있는 4개의 수소1과 우변에 있는 헬륨4의 질량 차를 취해 mc^2을 계산해보기로 하겠습니다.

데이터를 써두면(단위는 100만 전자볼트),

mc^2(수소1) = 938.27203

mc^2(헬륨4) = 3727.56

그리고,

$4 \times mc^2$(수소1)$-mc^2$(헬륨4) = 25.53

이 됩니다. 양전자의 약소한 기여 1.022를 더해 뉴트리노가 내는 에너지를 빼면 결국 '베테 - 바콜의 핵반응' 한 번에 만들어지는 에너지는 2,600만 전자볼트입니다. 러더퍼드가 연구한 라듐226의 알파 붕괴보다

훨씬 큰 수치입니다.

문제는 이 에너지원으로 태양의 수명이 충분히 설명되는가의 여부입니다. 여기서 필요한 태양 데이터를 다시 한 번 써보면,

태양의 질량 : 1.989×10^{30}킬로그램

태양의 매초 열 발생량 : 3.85×10^{26}매초 당 줄(J/sec)

수소1(원자)의 질량 : 1.67×10^{-27}킬로그램

입니다. 그리고 태양 안에 있는 수소1의 개수는 태양의 질량을 수소1의 질량으로 나누면 되는데 1.2×10^{57}개가 됩니다. 그중의 4개가 한 번의 핵반응으로 사용되기 때문에 태양의 수소1을 전부 사용할 때까지는 3×10^{56}회의 반응이 가능하다는 이야기가 됩니다.

태양의 수명이 다할 때까지 발생하는 전체 에너지는 전체 반응 횟수에 한 회 당 에너지 발생량을 곱하면 되기 때문에(100만 전자볼트 = 1.6×10^{-13}줄),

$$26 \times 1.6 \times 10^{-13} \times 3 \times 10^{56} = 1.2 \times 10^{45}\text{줄}$$

이 됩니다. 이 수치를 위에 표시한 태양의 매초 당 열 발생량으로 나누면 결국 태양이 다 탈 때까지의 시간은 1,000억 년이 됩니다!

실제로는 핵(융합) 반응에는 1,500만도 정도의 고온이 필요하기 때문에 태양의 중심 부근에서밖에 일어나지 않습니다. 그러므로 반응에 유효한 태양의 질량은 전체의 10분의 1 정도입니다. 결국 태양의 수명은 약 100억 년이 나옵니다.

현재 태양의 연령은 46억 년이므로 태양은 앞으로 50억 년 정도 계속해서 빛을 낼 수 있습니다.

여기서도 상당히 엉성한 계산이어서 여러분은 정말일까 하는 생각이 들 겁니다.

태양의 에너지원에 대한 진정한 검증은 최근이 되어서야 간신히 끝났습니다. 태양에서 오는 뉴트리노의 정밀한 관측이 일본 · 미국 연합팀과 캐나다 · 미국 · 영국 연합팀에 의해 이루어졌는데, 2001년까지의 관측 결과로부터 바콜 박사의 정밀한 계산이 오차 0퍼센트의 정밀도로 관측 결과와 일치했다는 사실을 알게 되었습니다.

2002년 고시바 마사토시(小柴昌俊) 박사와 미국의 레이먼드 데이비스 주니어(Raymond Davis Jr., 1914~2006)* 박사는 태양이나 초신성으로부터 오는 뉴트리노의 선구적인 관측으로 노벨물리학상을 수상했습니다. 우리는 틀림없이 바콜 박사도 공동수상할 것으로 생각했습니다만 우리

* 미국의 천체물리학자. 중성미자의 존재를 입증한 인물로, 고시바 마사토시, 지아코니(Riccardo Giacconi)와 함께 우주에서 날아온 중성미자와 X선을 처음으로 관측해 우주를 이해하는 새 관점을 연 공로로 2002년 노벨물리학상을 받았다.

▲ 고시바 마사토시 박사.

의 예상은 빗나가고 말았습니다. 바콜 박사에게 메일을 보내 위로해주었습니다. 그는 아마 상당히 낙심했을 것입니다.

그 보상이라고 하면 뭣합니다만, 2003년 존 바콜 박사는 데이비스 박사와 함께 미국 대통령으로부터 페르미상(Fermi Award)을 수상했습니다. 저는 그들의 수상이 진심으로 기뻤습니다.

(2007년 11월 1일)

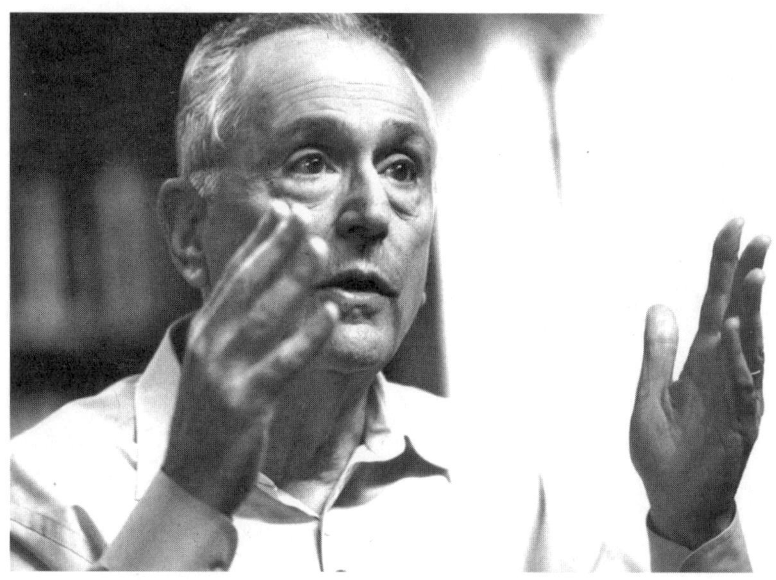

▲ 존 바콜 박사.

● 번외 편 : 허블우주망원경의 진짜 연구 목적

프린스턴 고등연구소에 존 바콜 박사라는 고명한 이론우주물리학자가 있었습니다. 그의 연구 범위는 무척 넓어서 우주론, 은하 형성, 우주선(宇宙線, cosmic rays)*의 기원, 태양 뉴트리노 등인데, 어느 분야에서든 일인자였습니다. 그는 이론을 주무르기만 하는 연구자가 아니라, 천문학 분야와 물리학 분야에서 강력한 리더십을 발휘했습니다. 미국의 천문학 그

* 우주에서 지구로 쏟아지는 높은 에너지의 미립자와 방사선 등을 총칭한다.

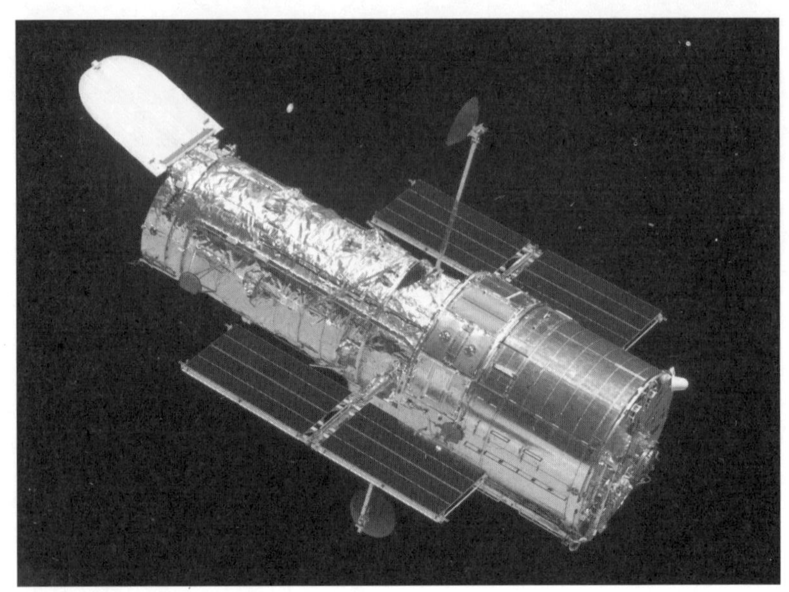

▲ 허블우주망원경(HST).

룹이 총력을 기울여 허블우주망원경(HST) 건설을 추진할 때 그 주역 중의 한 사람으로서 워싱턴 의회에서 연설을 한 사람도 다름 아닌 바콜 박사였습니다.

1978년 그는 미국 하원에서 우주망원경의 과학적 중요성을 증언했습니다. 상당히 늦어졌습니다만, 1990년 우주왕복선(Space Shuttle) 디스커버리호에 실려 쏘아 올려진 허블우주망원경이 관측에 들어갔습니다. 그러나 충격적이게도 주경(主鏡) 연마에 사용되는 컴퓨터 프로그램에 오류가 있어 흐릿한 화상밖에 찍을 수 없었는데, 어쨌든 대실패였습니다.

1990년 미국 천문학회 회장이 된 바콜 박사는 다시 미국 하원에 나가 당장 허블우주망원경을 수리해야한다고 증언했습니다. 바콜 박사의 홈페이지(http://www.sns.ias.edu/~jnb/)에 두 증언의 PDF 파일이 올라와 있으므로 흥미 있는 분들, 특히 젊은 분들은 꼭 읽어보시기 바랍니다. 그는 1990년의 증언에서 우주망원경의 수리가 성공하는 날에는 이러저러한 연구 성과를 올릴 수 있다고 네 가지 예를 들어 이해하기 쉽게 설명하고 있습니다. 그러나 내가 여기서 가장 끌린 것은 그의 증언 마지막 부분에 있는 몇 줄의 문장입니다. 인용해보겠습니다.

As marvelous and as difficult an achievement as the fulfillment of this promise will be, I personally will be disappointed if this is all that HST does. I believe that the most important discoveries will provide answers to questions that we do not yet know how to ask and will concern objects that we can not yet imagine.
In my personal view, a failure to discover unimagined objects and answer unasked questions, once HST functions properly, would indicate a lack of imagination in stocking the Universe on the part of the Deity.

이 연구가 성공한다면 놀랍고도 난해한 업적을 성취하는 것이라고 기대들

하시겠지만, 이것이 만약 허블우주망원경이 할 수 있는 것의 전부라면 개인적으로 저는 실망스러울 것 같습니다. 가장 중요한 발견이란 우리가 지금껏 어떻게 물어야 하는지조차 몰랐던 질문들에 해답을 제공하는 것이고, 우리가 지금껏 상상하지 못했던 어떤 것을 생각해보는 것이라고 믿습니다.
제 생각에는 허블우주망원경이 제대로 작동한다고 할 때, 지금껏 상상하지 못했던 것들을 발견하지 못하거나 처음 듣는 물음에 답하지 못한다면, 그것은 (허블우주망원경 탓이 아니라) 신이 우주를 만들 때 상상력이 부족해서 그런 것일 겁니다.

대발견이나 대발명은 그 말의 정의에서 보면 예상도 하지 못한 성과를 일컫는 것이라 할 수 있습니다. 어떤 일을 하고 있으면서도 전혀 예상하지 못한 사실이나 기술을 발견하는 것을 영어로는 'serendipity'(우연히 발견하는 능력, 운 좋은 뜻밖의 발견)라고 합니다. 바콜 박사는 허블우주망원경의 진정한 연구 목적은 'serendipitous'(행운의) 새로운 발견이라며 하원 의원들을 설득했습니다.

저는 국제회의 등에서 바콜 박사를 자주 만났습니다. 언젠가 둘이서 차를 마시고 있을 때 의회에서의 증언이 잘 된 모양으로 "허블우주망원경의 수리를 위해 요구한 금액 이상의 돈을 할당해주었소"라며 조용히 웃었습니다. 저는 그의 수많은 친구 중의 한 사람이었다는 것을 자랑스럽게 생각합니다.

▲ 책임자인 스티븐 스미스와 전문가 존 그룬스펠드가 허블우주망원경에 새 자이로스코프를 탑재하고 있다.

2005년 8월 17일 그는 세상을 떠났습니다. 향년 70세였습니다. 차기 미국 물리학회 회장 예정자였습니다. 바콜 박사가 말하는, 허블우주망원경의 진정한 연구 목적은 아직 달성되지 않았습니다.

(2007년 8월 9일)

❹ 베테 박사에 대한 추억

앞서 태양 에너지의 기원에 대해 설명하면서, 코넬 대학의 교수였던 한스 베테 박사의 선구적인 업적이 있었기에 비로소 태양의 에너지원이 해명되었다고 이야기한 바 있지요. 이번에는 이 베테 박사에 대해 좀 더 이야기하고자 합니다.

한스 베테 박사는 1906년 현재의 프랑스 스트라스부르(옛 독일)에서 태어나 1933년 나치의 박해를 피해 독일을 떠났고, 1935년에는 미국으로 이주했습니다. 원자핵물리학에서 여러 가지 업적을 쌓기 시작한 그는 그 후 제2차 세계대전 때 맨해튼 계획에 참여하여 이론부장으로서 중요한 공헌을 했습니다. 그 동안의 경위는 제인 윌슨(Jane Wilson)이 편집한 책 『원폭을 만든 과학자들(All in our time)』(岩波書店, 1990)에 상세하게 소개되어 있습니다. 물론 일본에는 악몽이었지만 말입니다. 그 후 코넬 대학으로 돌아갔고, 1967년에 노벨물리학상을 수상했습니다.

베테 박사는 2005년 99세의 일기로 세상을 떠날 때까지 현역 연구자였습니다. 90세를 넘은 나이에도 논문을 발표했을 정도로 말입니다. 20세기를 대표하는 위대한 과학자 중 한 사람으로서 후세에도 그의 업적이 남으리라는 것은 확실합니다.

위키피디아 사전에 베테 박사가 소개되어 있습니다. 참고하시기 바랍니다. 베테 박사는 근본부터가 원자핵물리학자이므로 최후까지 원자력의 적극적이고도 평화적인 이용을 호소했다는 기사를 보고 저는 크게 감명을 받았습니다. 핵폐기물 처리에 그가 어떤 의견을 가졌는지, 꼭 듣고 싶었습니다. 아마도 굉장한 아이디어를 갖고 있지 않았을까 추정되었기 때문이지요.

몇 년쯤 전의 일입니다만, 제가 관여하고 있던 실험 결과가 흥미 있는 것이었고 베테 박사의 이론 연구와도 관계가 있었으므로 박사의 이론과 실험 결과의 관련성에 대해 쓴 짧은 편지를 보낸 적이 있습니다.

곧 답장이 왔는데, "나와 바콜, 그리고 당신, 이렇게 세 사람의 이름으로 논문을 써봅시다"라는 제안을 해온 것이었습니다. 저는 보잘것없는 실험가일 뿐이며, 전설적인 이론가와 논문을 함께 쓴다고 해도 어차피 저의 공헌이 전혀 없을 거라는 것이 분명하고, 또 실험 결과를 아직 논문으로 만들지 않은 처지이기 때문에 공동 논문은 사양하겠다는 편지를 베테 박사에게 다시 보냈습니다.

어쨌든 그의 논문은 거의 완성되어 있었던 모양으로, 존 바콜과 몇 차례 이메일을 주고받은 후(그들이 주고받은 이메일은 저한테도 동시에 보내졌습니다) 출판되었습니다. 이 논문은 '베테 – 바콜의 논문' 으로 상당히 유명해졌습니다. 역시 이름을 넣어두는 것이 좋았을까 하는 후회도 했습니다만, '원님 떠난 뒤의 나팔' 이었습니다.

그 후 지인으로부터 부탁을 받고 코넬 대학 물리학과 세미나에서 강연할 기회가 있었습니다. 긴 책상 양쪽에 교수들이 나란히 앉아 있고, 제가 책상 끝에서 OHP를 사용해 강연을 했습니다.

그 전에 다과회가 있었는데, 놀랍게도 90세 전후였던 베테 교수가 싱글벙글 웃고 있는 게 아니겠습니까? 소개를 받고 인사말을 했는데, 굉장한 독일식 억양의 영어라서 절반 정도밖에 알아듣지 못했습니다. 제 기억으로는 분명 "당신의 강연에 관심이 많습니다(I am curious about your talk)"라는 발림말도 했을 겁니다. 마음속으로, 독일어로 말해주면 좋았을 텐데, 하는 실례되는 생각을 했지요.

긴 책상에 나란히 앉은 교수들이야 청강생쯤으로 생각해 버리면 그다지 신경 쓰일 일 없겠지만, 제가 서 있는 바로 왼쪽 옆자리에 베테 박사가 앉는 바람에 아무래도 이야기하기에는 좀 마음이 불편한 자리가 되었습니다. 한 시간이 넘은 강연도 무사히 끝나고 질의 시간이 되었습니다.

지인이 베테 박사를 보고 "한스, 그의 관측 결과를 어떻게 생각해요?" 라고 쓸데없는 질문을 하는 것이었습니다. 베테 박사는 히죽 웃으며 "그는 내 이론을 깨버렸어"(He ruled out my theory)라고만 말했습니다. 저는 베테 박사가 곧바로 저의 관측 결과를 인정해준 것에 내심 기뻤습니다만, 그런 자리라서 태연한 듯한 얼굴로 잠자코 있었습니다.

'20세기 과학계 거인 중의 한 사람'인 베테 박사와의 짧은 만남을 저는 큰 영광으로 생각하고 있습니다. 그로부터 온 편지도 버리지 않았으므로, 아마 어딘가에 잠들어 있을 겁니다.

이것으로 $E=mc^2$ 이야기는 끝내려고 했습니다만, 이왕 한 김에 조금만 더하겠습니다. 흥이 나면 멈출 수 없으니 말입니다.

(2007년 11월 2일)

❺ 뉴트리노 — 데이비스 박사에 대한 추억

2002년 고시바 마사토시 박사와 레이먼드 데이비스 주니어(Raymond Davis Jr.) 박사는 뉴트리노 천문학을 창시한 업적으로 노벨물리학상을 수상했습니다. 고시바 교수는 텔레비전이나 신문에 자주 나오기 때문에 새삼 다시 소개할 필요도 없을 겁니다. 그래서 이번에는 데이비스 박사에 대한 추억을 이야기해보고자 합니다.

노벨물리학상을 수상했을 때 데이비스 박사는 88세였습니다. 다음 페이지의 사진을 보시기 바랍니다.

스톡홀름에서 노벨상 수상식 전 리셉션 때 찍은 사진입니다. 오른쪽이 데이비스 박사이고, 왼쪽은 오랫동안 그의 공동연구자였던 펜실베이니

▲ 데이비스 박사(오른쪽)와 켄 랑데 교수(왼쪽).

아 대학의 켄 랑데 교수입니다. 이 사진에는 나와 있지 않습니다만, 오른쪽에는 스웨덴 왕립공과대학의 페르 칼손(Per Karlsson) 교수가 서 있었습니다. 칼손이 물리학상 수상자의 업적 소개를 했습니다. 랑데, 데이비스, 이 두 분 다 거의 머리카락이 없습니다만 랑데는 아직 젊지요.

유감스럽게도 데이비스 박사는 이미 알츠하이머병이 상당히 진행된 상태였습니다. 데이비스 박사는 노벨상 수상 강연을 하는 것이 어려웠기 때문에 그의 아들인 시카고 대학의 앤드류 데이비스 교수가 전공이 아닌데도 훌륭한 강연을 했습니다.

강연이 끝난 뒤, 아들과 함께 있는 데이비스 박사에게 다가가 "데이비스, 수상 축하해요!"라고 인사했더니 사진에서도 볼 수 있듯이 만면에 웃음을 띠고 기뻐했습니다. 그러나 그는 아마 제가 누구인지 알아보지 못했을 것입니다.

강연 기록은 노벨재단의 웹사이트에 실려 있습니다. 강연 제목은 「태양 뉴트리노의 반세기」였습니다. 그 원고에 있는 것도 포함해서 몇 가지 에피소드를 소개하고자 합니다.

1914년에 태어난 데이비스 박사는, 예일 대학을 졸업한 후 뉴욕 교외의 롱아일랜드에 있는 브룩헤븐 국립연구소에 취직했습니다. 전문은 화학으로, 그는 이른바 방사화학(radiochemistry)의 전문가였습니다.

데이비스 박사가 연구소에 들어간 후 화학부장에게 인사하러 가서 "뭘 하면 좋을까요?"라고 물었더니 부장은 "도서관에 가서 뭐 재미있는 것 좀 찾아와"라고 했답니다. 당시는 한가한 시절이었던 모양입니다.

그는 도서관에서 뉴트리노에 관한 논문을 읽고 그 검출에 방사화학을 이용할 수 있다는 사실을 발견했습니다. 당시에는 뉴트리노에 관한 이론적 예언은 있었지만 아직 아무도 그 존재를 검증하지 못한 상태였습니다. 1955년 데이비스는 3.8제곱미터의 4염화탄소(CCl_4)의 액체를 사용해 브룩헤븐 국립연구소에 있는 원자로에서 실험을 시작했습니다. 원자로 안에서 일어나는 핵반응으로부터 대량의 뉴트리노가 만들어지는 것은

▲ 프레더릭 라이네스.

이미 이론적으로 예상되는 상황이었습니다. 그러나 유감스럽게도 그는 뉴트리노를 발견하지 못했습니다.(지금 생각하면 그 이유는 너무나 당연한 것인데, 원자로에서는 반(反)뉴트리노가 만들어지지만 데이비스의 장치는 뉴트리노에만 감도가 있고 반뉴트리노에는 신호를 보내지 않았던 것입니다.) 원자로에서 나오는 반뉴트리노는 1956년 캘리포니아 대학의 프레더릭 라이네스(Frederick Reines, 1918~1998)*와 클라이드 코완, 이 두 사람에 의해 발견되었는데, 라이네스는 그 공적을 인정받아 1995년 노벨물리학상을 수상했습니다. 그에 관한 에피소드도 몇 가지 있지만 생략합니다.

당시에는 태양의 중심에서 일어나는 핵융합반응에서 뉴트리노가 지구로 많이 오고 있다는 것도 또한 이론적으로 예상되고 있었습니다.('❸ 방사선과 태양의 에너지원, 그 셋'을 참조할 것. 최근에 측정한 수치나 계산한 수

* 미국의 물리학자. 1959년 중성미자(neutrino, 기호 ν)의 존재를 검증하였으며, 중성미자와 양성자가 결합해 중성자가 된다는 사실도 밝혔다.

치에 따르면 매초, 매 제곱센티미터 당 660억 개의 뉴트리노가 항상 우리 몸을 관통하고 있습니다.) 태양 뉴트리노는 늘 장치를 통과하고 있기 때문에 장치를 작동시켜 두면 자연스럽게 뉴트리노의 신호가 잡힐 것입니다.

그러나 안타깝게도 뉴트리노의 신호는 발견되지 않았습니다. 물론 관측 수치를 해석함으로써 태양에서 오는 뉴트리노 유량(flux)의 상한치는 구할 수 있었습니다. 다만 그 상한치는 엉성한 이론 예상에 비해서도 수만 배나 큰 것이어서 최초의 관측으로서는 역사적 의미가 있지만 과학적으로는 아무런 중요성도 없었습니다.

어쨌든 실험을 하면 그 결과는 논문으로 만들어 발표해야 합니다. 논문의 초고를 읽은 담당자는 데이비스의 실험 결과가 거의 의미 없다고 판단하고는,

"필요한 감도를 갖지 않은 이 실험은 뉴트리노의 존재 규명이라는 연구 목적에 거의 의미가 없는 것이다. 실험자는 산에 올라 손을 뻗어 달은 손끝보다 더 멀리에 있다는 것을 확인했다고 한다. 그 결과를 논문으로 만들어 '달은 산 정상에서 8피트 이상 더 높은 곳에 위치한다' 라고 결론을 내리는 것이어서 이 논문의 의미를 인정할 수 없다."

라는 코멘트를 했다고 합니다. 옛날 심사자는 엄격한 기준을 적용했던 것입니다.

이후 존 바콜에 의해 태양 에너지원에 대한 계산이 시작되어, 태양 뉴트리노의 유량을 높은 정밀도로 계산하여 그 결과를 얻을 수 있게 되었

습니다.

한편 데이비스는 최초의 실험 결과에 굴하지 않고 바콜과 자주 연락을 취하면서 새로운 실험 계획을 짰습니다. 1965년에 그 계획의 예산이 받아들여졌고, 1967년에는 장치가 완성되었습니다. 이번에는 4염화에틸렌(C_2Cl_4)을 378제곱미터 사용했고, 노이즈를 없애기 위해 장치를 1,500미터의 금광 지하에 설치했습니다. 이것은 상당히 대대적인 실험으로, 이른바 거대과학(big science)의 선구였습니다.

이 장치는 그 후 계속해서 개량되어 1994년까지 운전되었습니다. 데이비스는 1984년 브룩헤븐 국립연구소를 퇴직했습니다만, 펜실베이니아 대학에 고용되어(오히려 발탁되어) 공동연구자인 켄 랑데와 함께 관측을 계속했습니다. 1985년부터 1986년에 걸쳐 장치의 펌프가 고장났으나 펜실베이니아 대학이 돈을 마련해주어서(아마 2만 달러 이하인 것으로 기억되는데) 가까스로 관측이 재개되었다는 곡절도 있었습니다. 그는 1967년 이래 일관되게,

"뉴트리노는 바콜이 계산한 수치의 3분의 1밖에 관측되지 않는다."

라고 주장해왔습니다. 방사화학적 수법은 뉴트리노를 전문으로 하는 물리학자에게는 잘 이해할 수 없는 것이어서 딱하게도 그의 주장은 오랫동안 신뢰를 받지 못했습니다.

그러나 과학계는 그의 관측 결과를 방치해둘 수도 없어서 몇 가지 새

로운 실험이 시작되었습니다. 1988년 고시바 교수에 의해 시작된 일본의 검출기 슈퍼카미오칸데 실험이, 태양 뉴트리노는 태양에서 계산치의 2분의 1밖에 오지 않는다는 결과를 냈습니다. 슈퍼카미오칸데의 관측치는 데이비스의 결과와 약간 다르지만, 어쨌든 이론과 관측치가 맞지 않는다는 것을 확인할 수 있었습니다.

그 후 실험 기술은 진보하여, 이 시리즈의 '❸ 방사선과 태양의 에너지원, 그 셋' 에 쓴 것처럼 일본과 캐나다의 새로운 실험이 실시되어 2001년 태양 뉴트리노의 정밀 관측으로부터 뉴트리노에 관한 새로운 사실과 태양 에너지원에 대한 검증이 이루어졌고, 무엇보다도 30년에 이르는 데이비스의 관측 결과가 옳다는 것이 확인되었던 것입니다.

1994년 에스파냐의 톨레도였다고 기억합니다만, 그곳에서 데이비스의 80세 생일을 축하하는 심포지엄이 열렸습니다. 존 바콜이 그의 업적을 소개했는데, 30년이 넘는 공동연구를 떠올렸는지 이야기를 하다가 몹시 감격한 나머지 목이 메고 눈물까지 흘렸습니다. 당시에는 이미 슈퍼카미오칸데의 관측 결과가 나와 있어서 데이비스의 관측도 물리학 관계자들이 진지하게 검토하고 있었습니다. 우리는 일어나 박수를 치며 데이비스의 80세 생일을 축하했습니다. 즐거운 추억의 한 장면입니다.

미국에는 두 부류의 과학자가 있다고 합니다. 하나는 나비처럼 날면서 연구 분야를 차례차례 바꿔가며 항상 유행의 최첨단에 서는 과학자이고, 다른 하나는 한 가지 연구를 진득하게 평생을 계속하여 최후에 그 진가를 인정받는 과학자입니다. 물론 데이비스는 후자에 속합니다.

데이비스는 2006년 5월, 91세를 일기로 세상을 떠났습니다. 그 1년 전인 2005년 3월에는 한스 베테가 99세에, 2005년 8월에는 존 바콜이 70세에 세상을 떠났습니다.

태양에 대한 연구는 데이비스로부터 배운 제4세대 연구자가 지금도 계속하고 있습니다.

(2007년 11월 5일)

❻ 초신성 폭발

이번에는 초신성 폭발의 에너지원에 대한 이야기를 하려고 합니다.

초신성이란 단어에서 신성(新星)은 새롭게 태어난 별이라는 뜻이 아니라 별이 죽을 때 일어나는 대폭발을 의미합니다. 이 폭발이 일어나면 밤하늘에 아무런 전조도 없이 갑자기 밝게 빛나는 별이 나타난 것처럼 보입니다. 옛날 사람들은 이 현상을 새로운 별이 태어났다고 생각했기 때문에 신성, 그중에서도 특히 밝은 신성을 초신성이라고 불렀던 것입니다.

초신성에는 Ⅰ형과 Ⅱ형, 이렇게 두 유형이 있습니다. 여기서는 Ⅱ형 초신성에 대해 이야기하려고 합니다.

태양의 8배 이상의 무게를 지닌 별은 그 중심에서 급속하게 핵반응이 진행됩니다.

무거운 별의 중심은 태양보다 온도가 훨씬 높기 때문에 태양의 에너지원에서 생각한 핵반응에 더해 무거운 원자핵을 만드는 핵융합 반응, 특히

헬륨4 + 헬륨4 + 헬륨4 → 탄소12 + 감마선

이 최초로 일어나고 그 후 산소나 마그네슘, 규소가 차례로 만들어지며, 그리고 그것들은 새로운 핵반응의 재료로 사용됩니다. 이러한 핵반응은 태양의 중심에서 일어나는 반응과는 비교가 되지 않을 만큼 빠른 속도로 진행됩니다. 그래서 그렇게 무거운 별은 수백만 년에서 수천만 년이라는 짧은 시간에 연료를 다 써버리고 최후를 맞이합니다.

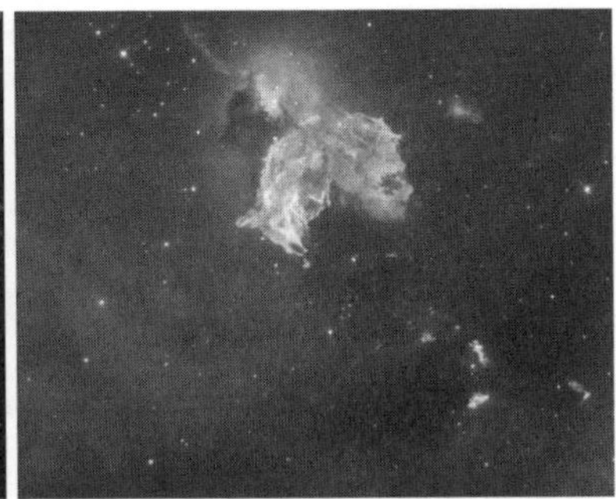

▲ 대마젤란 성운(Large Magellanic Cloud)안에 가스와 먼지덩어리로 이루어진 N63A의 초신성 잔해(왼쪽). 초신성 폭발 이미지(오른쪽).

별의 중심에는 핵반응의 최종 산물인 철이 쌓입니다. 그 철은 반지름 100킬로미터 정도의 구(球) 형태로 굳어 있습니다만, 그 구의 무게가 태양 질량의 1.5배 정도가 되면 중력 때문에 자기 자신을 지탱할 수 없게 되어 중심을 향해 엄청난 속도로 붕괴됩니다.

붕괴가 진행되어 덩어리의 반지름이 약 10~20킬로미터가 되면 철은 이리저리 흩어져 중성자 덩어리가 됩니다. 중성자가 빽빽이 찬 이 덩어리는 충분한 경도(硬度)를 갖기 때문에 거기에서 붕괴는 멈춥니다.

이 덩어리를 '(원시) 중성자 별' 이라고 부릅니다.(마치 봐온 것처럼 썼습니다만, 모두 이론 시뮬레이션 계산의 결과일 뿐이며 관측에 의한 검증이 필요합니다).

이 과정에서 엄청난 에너지가 방출됩니다. 이것이 이번에 할 이야기입니다.

높은 데서 물건을 떨어뜨리면 물건은 점차 속도를 내며 떨어져 내립니다. 다시 말해 높은 데에 있었던 것은 낮은 데로 내려감에 따라 운동에너지를 획득하게 됩니다. 어쨌든 높은 장소는 잠재적으로 물건에 커다란 에너지를 주는 능력이 있는 듯합니다. 이러한 능력을 지구의 위치에너지, 또는 잠재에너지라고 합니다.

고등학교 이과에서는 위치에너지는 높이에 비례하고 그 비례상수는 g로 쓴다고 하는데, 이것을 기억하고 있는 분도 있을 겁니다. g는 지구의

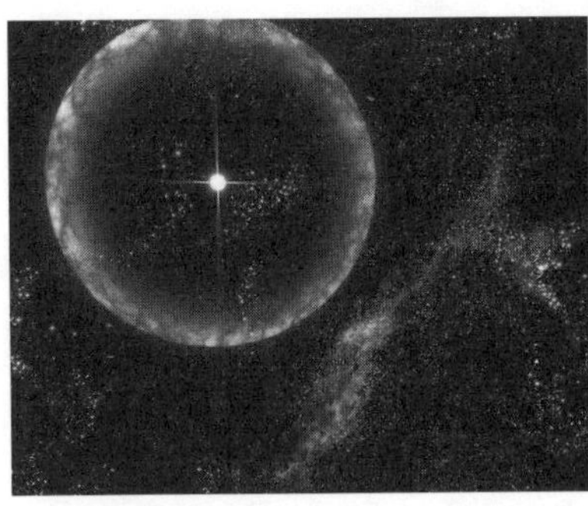

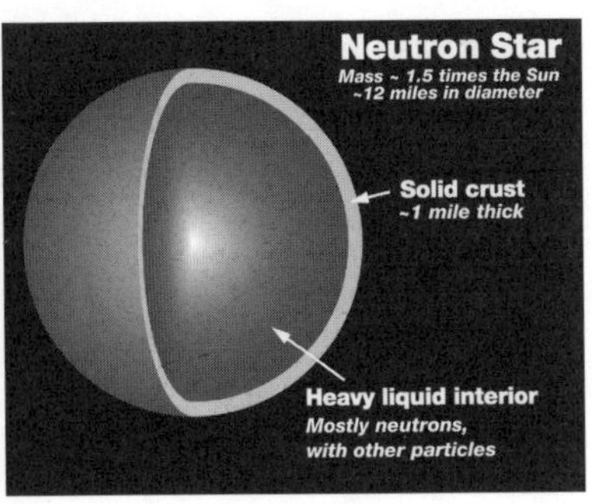

▲ 성진(星震, 별의 모양, 물질 분포의 급격한 변동)(왼쪽). 중성자 별 내부구조 모형도(오른쪽).

중력을 나타내는 매개변수(parameter)입니다.

다들 아는 것처럼 지구의 중력은 뉴턴의 만유인력에 의해 생겨나는데 그 힘은 거리의 제곱에 반비례하고 물체의 질량에 비례합니다.

지구 내부의 물질은 언제나 서로 당기고 있기 때문에 지구 전체가 가진 잠재적인 에너지를 계산할 수가 있습니다. 그 에너지는,

지구 질량의 제곱 × 뉴턴의 만유인력 상수 / 지구의 반지름

이 됩니다. 그 전에 1 이하의 계수가 관계되는데 간단히 하기 위해 무시하기로 하겠습니다.

여기서 잠시, 뉴턴의 만유인력이 왜 굉장한 발견인지를 보도록 하지요.

지상에서 물건이 떨어지는 현상은 만유인력 법칙에 의해 정확하게 설명할 수 있습니다. 그 법칙은 천체의 현상도 정확히 설명할 수 있습니다.

다시 말해 만유인력의 법칙은 1그램, 1센티미터의 현상에서 태양, 항성, 은하, 우주 전체의 현상을 설명할 수 있는 것입니다. 이와 같은 법칙을 '보편적' 이라고 합니다. 이 보편적인 법칙을 최초로 발견한 사람이 뉴턴이었던 것입니다.

다시 이 지점에서 초신성의 중심으로 돌아가도록 하겠습니다. 반지름 약 100킬로미터로 팽창했던 철 덩어리가 약 10킬로미터로 압축될 때 철의 위치에너지는 철 덩어리의 운동에너지로, 그리고 (원시) 중성자별(neutron star)*의 열에너지로 변환됩니다.

그 에너지를 계산해보기로 하겠습니다. 단위가 성가시기 때문에 길이는 미터, 질량은 킬로그램, 시간은 초로 통일해서 표시하면,

초신성 중심의 철 덩어리 : 반지름이 10만 미터에서 1만 미터로 작아진다

철 덩어리의 질량(태양의 1.5배 질량) : $1.5 \times 1.989 \times 10^{30} = 3.0 \times 10^{30}$

만유인력 상수 : 6.673×10^{-11}

* 중심부가 거의 중성자로 이루어진 천체. 이론적으로는 태양의 몇 배 정도의 질량이 지름 십 수 킬로미터의 구로 되어 있다고 생각된다. 중성자별의 개념은 1932년 영국의 원자물리학자 J. 채드윅이 중성자를 발견한 지 얼마 안 되어 형성되었다. 별 전체를 하나의 거대한 원자핵으로 볼 수 있는 초고밀도 중성자별의 존재 가능성은 L. D. 란다우가 지적했으며, W.바데와 F. 츠위키는 1933년 초신성의 폭발로 중성자별이 만들어진다는 의견을 제시했다.

이 수치를 사용하면,

위치에너지의 차 =

$6.673 \times 10^{-11} \times (3.0 \times 10^{30})^2 \times (\frac{1}{10000} - \frac{1}{100000}) = 5.4 \times 10^{46}$줄

이 되는데, 이 에너지가 단 몇 초 안에 방출되는 것입니다. 이 수치가 얼마나 거대한 수치인지는 짐작을 할 수 없습니다. 그래서 앞에서 사용한 태양의 매초 당 열 발생량 3.85×10^{26}줄을 사용해보겠습니다. 위의 위치에너지를 태양의 열 발생량으로 나누면 태양이 만들어내는 에너지의 몇 년 분인지를 계산할 수 있습니다.

$5.4 \times 10^{46} / (3.85 \times 10^{26})$초 = 4.4조 년!

다시 말해 태양이 4.4조 년 걸려서 내는 에너지(그 전에 이미 태양은 다 타버립니다만)를 초신성은 단 몇 초 만에 방출하는 것입니다!

이 초신성 에너지의 99퍼센트는 뉴트리노라는 소립자가 가져가버립니다. 나머지 1퍼센트로 별은 완전히 파괴되어 은하 전체보다도 밝게 빛납니다. 1퍼센트라고 해도 태양이 440억 년 걸려서 내는 에너지이기 때문에 엄청난 양입니다.

5.4×10^{46}줄의 방출 에너지는 $E=mc^2$의 법칙에 따라 중성자 덩어리의 질량을 감소하게 합니다. 그 수치는 무려 태양 질량의 30퍼센트에 해당합니다.

태양 에너지의 원자핵반응 효율을 질량의 감소 비율로 나타내면, 그것은 반응 에너지/수소원자 4개분의 질량이므로 그 수치는 고작 0.69퍼센트에 지나지 않습니다.

그런데 초신성의 폭발에 사용되는 중력 에너지의 해방은,

(태양의 질량×0.3)/(태양의 질량×1.5) = 20%

에 상당합니다. 즉, 초신성 폭발의 에너지 발생 효율은 태양 에너지의 원자핵반응보다 30배나 높습니다. 우주에는 이처럼 아직 상상할 수 없는 에너지원이 있는 것입니다.

1987년 16만 광년 떨어진 대마젤란 성운에서 육안으로도 볼 수 있는 초신성이 발견되었습니다. SN1987A라 불리는 초신성인데, 일본과 미국 팀이 초신성에서 온 뉴트리노를 관측했습니다. 두 실험으로 관측된 뉴트리노는 각각 13개와 5개에 지나지 않았는데 그 관측으로부터 얻은 결과를 소개하도록 하겠습니다.

▲ 초신성 SN1987A 대폭발 잔여물들. SN1987A는 대마젤란 성운에 위치하고 있으며 이웃하는 은하와는 16만 광년 떨어져 있다.

초신성의 폭발 에너지 : 3.7×10^{46}줄(오차 약 50퍼센트)

방출 시간 : 4.5초(오차 약 50퍼센트)

중성자 덩어리의 표면 온도 : 490억 도(오차 약 20퍼센트)

중성자 덩어리의 반지름 : 27킬로미터(오차 약 50퍼센트)

이러한 수치는 존 바콜이 정밀하게 데이터를 해석한 결과입니다.

관측 수가 적기 때문에 오차가 큽니다만 폭발 에너지, 시간, 중성자별의 표면 온도나 반지름은 이론 시뮬레이션 계산과 거의 일치했습니다.

SN1987A의 관측으로부터 초신성의 폭발은 태양 질량과 거의 같은 무게를 가진 철 덩어리가 단숨에 붕괴되어 중성자별이 되는 현상이라는 것이 증명되었습니다.

제가 놀란 것은 16만 광년 떨어진 데 있는 물체의 반지름, 그것도 단 30킬로미터밖에 안 되는 물체의 반지름을 알아냈다는 사실입니다.

다음 글에서는 일단 정리를 한 뒤 이 시리즈를 마치도록 하겠습니다.

(2007년 11월 7일)

❼ 정리 : $E=mc^2$의 새로운 가능성을 찾아서

강의 2에서는 화학반응, 원자핵반응, 물질 · 반물질 반응, 중력 에너지 해방이라는 여러 가지 에너지 발생을 봐왔습니다. 그 어느 것에서도, 실은 화학반응에서도 에너지는 발생 물체의 질량을 먹고 만들어지고 있습니다.

그러면 에너지 발생의 효율을 생각해보겠습니다. 그 수치는,

에너지로 전용된 질량/원래의 질량

이라는 비율로 나타낼 수 있습니다. 그렇다면 이제 전형적인 반응의 에너지 발생 효율을 계산해보지요.

우선 화학반응으로서 에틸알코올의 연소를 들어보겠습니다. 36페이지에서도 소개했습니다만, 에틸알코올 1분자가 탈 때 내는 에너지는 14 전자볼트였습니다. 에틸알코올은 C_2H_5OH이므로 그 질량은 수소 질량의

$12 \times 2+5+16+1=46$배입니다. 여기서 중성자의 질량 차이나 결합에너지(binding energy)*는 무시해 두지요. 다음으로 mc^2(수소)는 '❸ 방사선과 태양의 에너지원 그 셋'에서 소개하였는데, 그 수치는 938×100만 전자볼트였습니다.

결국 에틸알코올을 태울 때의 에너지 발생 효율은,

$$14/(46 \times 938 \times 10^6) = 100\text{억분의 } 3.2(3.2 \times 10^{-10})$$

이라는 대단히 작은 수치입니다.

다음으로 핵반응의 전형적인 예로서 러더퍼드가 연구한 라듐226의 알파 붕괴를 이야기하겠습니다.(41페이지 참조) 라듐226의 질량은 수소 질량의 226배이고, 방출 에너지는 487만 전자볼트입니다.

따라서 라듐의 알파 붕괴의 에너지 발생 효율은,

$$487\text{만}/(226 \times 938 \times 10^6) = 2.3 \times 10^{-5}$$

입니다. 핵반응의 또 하나의 예로서 태양의 에너지 발생 효율을 생각해보겠습니다. 앞에서도 이미 주어졌는데 그 수치는,

---

* 수많은 입자로 이루어진 원자핵, 분자, 결정 따위를 그 구성 입자로 분리하는 데 필요한 에너지.

0.0069

였습니다. 소립자 반응의 예로서 49페이지에서 소개한 파이중간자의 붕괴, '파이중간자 → 뮤온 + 뉴트리노'를 생각하면 반응 에너지는(100만 전자볼트 단위로) 33.91, 부모(親) 파이중간자*의 질량은 139.57이므로 에너지 발생 효율은,

33.91/139.57 = 0.24

라는 커다란 수치가 됩니다.

중력 에너지의 해방으로서 초신성 폭발의 예를 들면 그 수치는,

0.2

입니다.(79페이지 참조) 마지막으로 물질 · 반물질 혼합의 경우, 모든 질량은 에너지가 되기 때문에 에너지 발생 효율은,

1.0

입니다.

끝으로 지열 이용에 대한 이야기를 하겠습니다. 지하의 뜨거운 곳에서 물을 수증기로 바꾸고 그것으로 터빈을 돌려 발전할 수가 있습니다. 예

---

* 우주선(宇宙線)의 충돌로 파이중간자가 생기고 그것이 곧 붕괴하여 가벼운 뮤온 중간자가 생긴다. 우주선에서 발견된 중간자는 아이 뮤온 중간자이고 핵력의 중간자는 부모 파이중간자이다.

를 들어 300도의 수증기를 만들어 터빈을 돌린 후 수증기가 100도의 물이 되었다고 합시다. 이때 물 분자가 얻는 에너지는,

$$8.617\times10^{-5}\times(300도-100도) = 0.017전자볼트$$

가 됩니다. 첫 부분의 8.617×10^{-5}라는 수치는 볼츠만상수(Boltzmann constant)*라고 하는 수치이고, 그것에 절대 온도 '섭씨온도+273'을 곱하면 열에 의해 분자가 얻는 에너지가 됩니다. 지금의 경우 볼츠만상수의 단위는 '전자볼트/절대온도' 입니다.

물 분자는 H_2O이므로 질량은 수소의 18배입니다. 에너지 발생 효율은,

$$0.017/(18\times938\times10^{6}) = 1.0\times10^{-12}$$

이 됩니다. 에틸알코올이 타는 것과 비교해도 300분의 1의 효율밖에 안 됩니다.

이상의 결과를 표로 만들어 보겠습니다.

---

* 물리학에서 이상기체를 압력과 부피, 온도의 함수로 다룰 때 사용하는 보편상수다. 볼츠만은 이 상수를 이용하여 엔트로피를 통계역학적인 양으로 표시했다.

여러 가지 반응	에너지 발생 효율	비고
지열발전	1.0×10^{-12}	(수증기 30도 → 100도)
에틸알코올의 연소	3.2×10^{-10}	
라듐226의 알파 붕괴	2.3×10^{-5}	$^{226}Ra \rightarrow {}^{222}Rn + \alpha$선
태양 내의 핵융합반응	6.9×10^{-3}	$p+p+p+p \rightarrow {}^{4}He+2(e^{+})+2\nu$
초신성 폭발	2.0×10^{-1}	중심 철의 질량 = 1.5×태양의 질량
물질 · 반물질의 혼합	1.0	

p는 수소원자, e^{+}는 양전자, ν는 뉴트리노

이 표를 보고 금방 알 수 있는 것은 지열이나 화학반응은 너무나도 효율이 나쁘다는 사실입니다. 클린 에너지원으로 기대되고 있는 광합성이나 태양광 발전은 모두 화학반응을 기초로 하고 있습니다.

사람들은 20세기 최대의 발견 가운데 하나인 '$E=mc^2$'을 유효하게 사용하는 에너지 발생을 왜 생각하지 않는지, 물리학 연구자였던 한 사람으로 저는 이상하다고 생각합니다.

원자력발전의 에너지 발생 효율은 앞의 표에 있는 라듐226의 알파 붕괴와 같은 정도이므로 10^{-5} 정도의 작은 수치입니다. 그러나 여러 차례 말한 바와 같이 화학반응에 비하면 10만 배 이상으로 효율이 좋습니다.

물론 원자력에는 몇 가지 문제가 있습니다.

- 핵물질이 테러리스트의 손에 넘어가는 것
- 핵폐기물 처리에 명확한 방법이 보이지 않은 것

이것이 주된 문제입니다. 이상하게도 물리학자는 이 두 가지 문제에 관여하고 있지 않습니다. 그들의 유연한 머리를 사용함으로써,

● 농축 핵연료를 쓰지 않는, 또 연쇄반응을 사용하지 않는 새로운 방식의 원자로

● 핵폐기물이 유래하는 방사선의 수명 단축과 그 소멸을 꾀하는 김에 그것을 위해 사용하는 전력 이상의 발전(發電)을 하는 것

이 두 가지 방식을 검토해야 한다고 생각합니다. 원리적으로 이러한 방식은 가능합니다. 그것을 실현하는 것은 물리학자들의 몫이지만, 거기에는 전 인류적인 관심과 지원이 따라야겠지요.

나아가, 다음으로는 10배 정도 에너지 발생 효율이 높은 핵융합, 즉 '지상에 태양을 만드는' 일을 추진해야 할 필요가 있습니다. 연료는 수소의 동위체이므로 지구상에 무진장 있습니다.

우주에 있는 중력 에너지의 해방 반응이나 반물질 이용의 경우, 유감스럽게도 지금의 인류가 실용화하는 것은 생각할 수 없습니다.

미국 에너지부 사무엘 보드만 장관이 2007년 9월에 열린 '글로벌 핵에너지 파트너십(GNEP)' 회의에서 발언한 내용의 일부를 인용해보겠습니다.

"풍력, 태양, 지열, 바이오 연료 등의 재생 가능한 에너지는 에너지 위

기를 해결하는 수단 중의 하나입니다. 그러나 미국에서는 이러한 재생 가능한 에너지가 에너지 수요를 충분히 만족시킬 수 없다는 것을 이미 알고 있습니다. 앞으로 세계의 전력 수요에 대처하고 또 온실가스를 발생시키지 않는 기술로서는 핵에너지가 유일한 것임을 확실히 인식해야만 합니다."

식물의 기본은 '대충대충'

❶ 식물에 대한 호기심의 발단

연구를 위해 오쿠히다(奧飛騨)에 살던 무렵, 나무들(식물)에 대한 추억이 저에게는 참 많습니다. 나무들 속을 걷고 나무들의 모습을 보는 것은 아주 즐거운 일이었는데, 그렇다고 과학적인 의문을 갖거나 해결해야 할 문제에 봉착하는 일은 거의 없었습니다.

그러나 10년 가까이 식물을 보고 있었더니, 때때로 '왜' 일까 하는 호기심이 일어나기도 했습니다. 강의 3에서는 식물에 관한 호기심의 발단에 대해 말함으로써 여러분에게 그 해답을 일러드리고자 합니다.

저는 지금까지 물리과학자로서 자연현상에서 신뢰할 수 있는 숫자를 몇 자릿수나 끌어낼 수 있을까 하는, 말 그대로 자릿수(digit)에 생명을 거는 디지털 세계에 살고 있었습니다. 연구 결과 예상과 조금이라도 다른 수치가 나오면, 그것은 새로운 발견이거나 연구가 틀렸거나 그 둘 중 하나입니다. 타협이 없는, 말 그대로 '모호함(fuzzy)이 없는 세계' 안에서 숨 쉬고 사고하며 살아왔던 것입니다.

그런 제가 식물의 세계와 만난 것은 전혀 다른 경험이었습니다. 이 경험을 통해 처음 알게 된 사실은 우선, 식물은 디지털 세계와는 전혀 다른 세계에 속하는구나 하는 것이었습니다.

그렇다면 제 호기심을 자극한 것부터 말하도록 하겠습니다.

식물을 관찰하기 시작했을 때, 무엇보다 잎의 형태나 가지의 모양 등 식물의 형태가 대충대충 결정되어 있다는 사실에 아주 놀랐습니다. 예컨대 가시나무의 잎을 보면, 양지쪽에 난 잎과 음지쪽에 난 잎은 그 크기가 1대 3 정도까지 다르기도 합니다. 쥐똥나무는 잎이 좌우대칭으로 '마주' 나는데 잎과 함께 나오는 가지 중 절반 정도는 마주나지 않고 하나의 가지만 나옵니다. 그렇게 나오는 모습은 완전히 제멋대로인 것처럼 보입니다.

산뽕나무의 잎은 갈라진 틈이 있기도 하고 없기도 하며, 게다가 어떤 원인으로, 어떤 잎에 갈라진 틈이 생기는지(인과율) 도무지 규칙성이 보이지 않습니다.

식물의 가지가 줄기의 어디에서 나오는지에 흥미가 있어서 2센티미터 정도의 모종 때부터 개서어나무를 집 화분에 심었습니다. 그리고 그것이 자라는 모습을 차분히 관찰하며 가지가 나오는 실마리(원인)를 찾아내려고 했습니다만 끝내 찾아내지 못했습니다.

또 줄기에서 가지가 몇 개 나오는지, 그리고 몇 개가 나와야 하는지도 정해져 있지 않은 듯합니다. 느티나무도 한 그루 한 그루 가지 수나 모양이 제각각입니다.

동물이라면 다리가 몸의 등 쪽에서 나온다거나, 또 다리가 세 개나 다섯 개 달리는 일은 없을 것입니다. 또한 오른쪽 다리가 왼쪽 다리보다 세 배나 크거나 하는 경우도 없을 것입니다. 설사 그러한 동물이 태어나도 다윈의 자연도태에 의해 금세 절멸되어버립니다.

식물은 왜 이렇게 제멋대로일까요? 여기에도 당연히 자연도태는 작용할 터입니다. 잎이 커지기도 하고 작아지기도 하며 가지가 나오는 모양도 제멋대로인 것은 동물과 달리 지면에 뿌리를 박고 가만히 움직이지 않는 전략을 취한 식물이 오랜 세월에 걸쳐 터득한 지혜임에 틀림없습니다.

좀 더 집요함을 발휘하여 한 가지 더 살펴보겠습니다.

엄나무라는 두릅나무과의 키 큰 나무가 있습니다. 엄나무에 달리는 잎은 이른바 갈라진 잎으로 한 장의 잎에 톱니 모양의 결각이 있습니다. 잎의 크기와 잎에 있는 결각의 모양이 잎에 따라 (전혀) 다릅니다. 다만 크기와 결각 사이에 어떤 관계가 있는 듯한데, 팔손이나무와 같은 커다란

▲ 저자가 직접 만든, 눌러 말린 잎사귀.

잎은 결각도 팔손이나무 잎처럼 큽니다. 작은 잎은 고로쇠나무와 무척 닮아서 톱니 모양의 결각이 거의 없어집니다. 왜일까요?

또 가시나무를 살펴보겠습니다. 이 나무 잎의 크기가 다른 것은 왜일까요? 관찰해본 결과 양지와 음지의 영향이 가시나무 잎의 크기를 결정하는 것 같습니다. 가시나무는 잎의 제조(세포분열)를 시작하고 나서, 이쯤에서 성장을 멈추라는 명령을 언제 어떤 계기로 내리는 걸까요?

생물의 성장은 모두 유전자에 의해 제어되고 있다고 하지요.

줄기의 여기쯤에서 가지를 만들어라, 잎의 여기에 결각을 이 정도 깊이로 만들어라, 음지니까 잎을 몇 센티미터 정도로 크게 만들어라, 이런 명령을 어딘가에서 내리지 않으면 안 될 것입니다. 그런데 외계의 영향으로 이와 같은 유전자의 시간적 발현이 크게 제어되고 있는 것이라는 것, 이것이 제 탐구의 첫 실마리인 것입니다.

(2007년 11월 17일)

❷ 데이터베이스는 있는가

앞에서 식물의 '대충대충' 한 성격과 잎의 여러 가지 형태에 대해 썼습니다.

여러 책을 읽어보기도 하고 구글에서 조사도 해봤습니다만 이 '대충대충' 에 관한 설명을 발견할 수는 없었습니다.

제가 알고 싶은 것은 다음과 같은 것들입니다.

1. 잎 형태의 다양성을 낳는 원인.(아마 유전자적 요인일 것이다.)

2. 잎의 이러저러한 모양을 낳는 원인.(아마 환경의 작용에 자극을 받아 유전자의 발현과 아포토시스(apoptosis)*가 시작될 것이다.)

3. 이들 메커니즘이 식물에서 공통되는지의 여부.(아마 진화의 과정에 따라 메커니즘에 어느 정도 차이가 있을 것이다.)

4. 식물에 따라 여러 메커니즘이 있을 때, 그 기원이 되는 진화의 과정을 이해할 수 있을까?

5. 식물 잎의 다양성은 앞으로 어떻게 진화할 것인가?

6. 지구온난화 시대에 환경의 압력이 걸리는 시간은 극단적으로 짧아지는데, 식물은 단기간에 적응할 수 있을까? 그것을 잎 형태의 다양성으로부터 배울 수는 없을까?

그 외에도 많이 있습니다.

이렇게 알고 싶은 것은 한이 없습니다.

그러나 가장 마음에 걸리는 것은 잎의 다양성에 대한 계통적(systematic)인 관찰 데이터가 존재하지 않는 것 같다는 사실입니다. 학문

---

* 세포가 유전자에 의해 제어되어 죽는 방식의 한 형태이며, 세포의 괴사나 병적인 죽음인 네크로시스와는 구별된다. 아포토시스는 발생 과정에서 몸의 형태 만들기를 담당하고, 성체에서는 정상적인 세포를 갱신하거나 이상이 생긴 세포를 제거하는 일을 담당하고 있다. 암 세포 내의 세포 소실, 바이러스 감염과 약물, 방사선 등에서 일어나는 점은, 유사한 과정인 프로그램 세포사(PCD: programed cell death)와 다른 점이다.

의 기초는 우선 자연에 있는 사상(事象)을 모으고, 그것을 정리하는 데서 시작해야 합니다. 린네(Carl von Linné, 1707~1778)*가 식물의 분류를 시작한 지 300년이 되었지만 이 작업이 아직 시작되지도 않았다는 것은 예삿일이 아닙니다.

가시나무의 잎을 얘기해보겠습니다. 관찰하여 다루고 싶은 데이터를 눈에 띄는 대로 적어보겠습니다.

1. 어떤 지역에서 많은 가시나무 개체를 선택한다.
2. 그것을 나무의 크기나 줄기의 두께(나무의 연령에 상당함) 별로 구분한다.
3. 움이 트기 전부터 그 지역의 기온, 강우, 바람 등을 정기적으로 기록한다.
4. 많은 잎을 골라 그 크기를 계측한다. 나무 잎의 크기는 되는 대로라서 계측의 정밀도는 대략적(약 10~20퍼센트)이어도 좋다.
5. 잎의 환경, 즉 양지인지 음지인지, 바람이 통하고 비를 맞는 정도 등 많은 정보를 기록한다.
6. 이 작업을 낙엽이 질 때까지 계속한다.

* 스웨덴의 박물학자이자 식물학자. 저서 『자연의 분류』에서 생물의 학명을 속명과 종명으로 나타내는 이명법(二名法)을 창안하여 현대 생물 분류학의 기초를 확립했다.

7. 이상의 작업을 몇 년간 계속한다.

8. 이상의 작업을 복수의 지역에서 실시한다.

이러한 데이터가 모이면 여러 환경적인 매개변수와 관련시켜 잎의 크기에 영향을 주는 환경의 압력을 확인하고, 압력의 크기와 잎의 크기 변화의 관계식을 도출할 수도 있을 것입니다.

이상의 조작을 엄나무나 산뽕나무를 대상으로도 꼭 해보고 싶습니다.

피터 토머스(Peter Thomas, 1957~)는 『나무들』(Trees : their natural history)*에서,

"잎의 형태를 지배하는 인자는 너무나 많고 우리가 보는 잎의 형태에 일일이 의미부여하는 것은 어렵다는 것이다."

라고 하여 처음부터 저의 의문이 풀릴 가망이 없다고 생각하여 포기했습니다. 포기하는 이유가 된 데이터베이스는 언급하고 있지 않기 때문에 그다지 과학적인 표현은 아닙니다. 이와쓰키 구니오(岩槻邦男, 1934~)와 가토 마사히로(加藤雅啓, 1946~)가 편집한 『다양성의 식물학 — ③ 식물의 종』(多樣性の植物學 — ③ 植物の種, 東京大學出版會, 2000) 36페이지부터 46페이지까지는 잎의 다양성에 대해 기술하고 있습니다. 앞에서 제가 알고 싶은 것을 1부터 7까지 썼습니다만, 이 책에서는 그 중 1에 대한 기

* 熊崎實, 淺川澄彦, 須藤彰司譯, 『樹木學』, 築地書館, 2001.

술이 대부분입니다. 여기에 관련이 있는 두 문장을 인용해 본다면 다음과 같습니다.

"그러나 고전형태학이나 비교 형태를 전공하는 연구자는 극히 적고 Evo/Devo 연구가 앞으로 진전될 것을 생각하면 현저하게 불균형한 상황에 있다."(여기서 Evo/Devo는 진화발생학을 말한다.)

"잎 형태의 다양성에 대해서는, 거시적인 기재(記載)는 상세하게 이루어져 있지만, 예를 들어 해부학적인 관찰 같은 것은 거의 이루어져 있지

▲ 오쿠히다 시절, 산책로에 눈 내릴 무렵의 사진.

않다. 그 때문에 현재 모델 식물로부터 얻은 의견을 적용할 수 있는 야생 식물이 있는지의 여부, 그런 후보를 선택하고 싶어도 그 단서가 없거나 아니면 극히 빈약한 것이 현 상황이다."

여기서 저는 "거시적인 기재는 상세하게 이루어져 있다"라는 말에도 살짝 의문을 가지고 있습니다. 즉, 현재의 기재는 말하자면 '정적'이기 때문에, 앞에서 말한 것처럼 많은 환경 매개변수와 동시에 기재된, 이른바 '동적이고 계통적인 데이터베이스'가 없는 것이라고 생각합니다.

학문에는 여러 가지 방식이 있고 그 방법도 분야마다 전혀 다릅니다. 제가 전문으로 해온 소립자, 원자핵, 우주의 분야에서는 컴퓨터의 발전과 함께 트롤어선처럼, 얻을 수 있는 데이터는 모조리 얻어서 그 데이터를 종합적으로 분석하는 방법으로 방향을 크게 바꿔왔습니다. 또한 그것에 의해 그 분야가 크게 발전했습니다.

생물학이나 지진학(地震學) 등에서는 특정 대상물만을 샅샅이 훑는, 혹은 모조리 태워버리는 것과 같은 형태로 하는 연구 — 비유하자면, '문어 잡는 항아리 연구(실례!)' 같은 것 — 가 여전히 계속되고 있는 것 같습니다. 그러므로 굉장히 많은 것을 망라하는 '데이터베이스'라는 생각 자체가 존재하지 않습니다.

그러나 앞에서 말한 관찰은 중학생이나 고등학생이라도 할 수 있는 작업입니다. 우리가 말하는 '계통적인 데이터베이스'를 구축했으면 하는 바람입니다.

그렇다면 당신이 하라는 목소리가 들려오는 것 같습니다만, 안타깝게도 저의 몸 상태가 허락해주지 않습니다. 유감스러운 일이 아닐 수 없습니다.

(2007년 11월 20일)

❸ 잎의 다양성을 유전자로 해석한다

『식물의 생존 전략 — '가만히 있는 지혜'에서 배운다』(朝日新聞社, 2007)라는 책이 있습니다. 문부과학성에서 다액의 과학연구비 보조금을 받고 수행한 일련의 연구 성과가 비전문가들도 알 수 있도록 쉽게 소개되어 있습니다. 유행하는 유전자 해석을 구사하여 식물의 꽃, 잎, 수분(受粉)과 수정, 물이나 영양을 공급하는 물관이나 체관을 타깃으로 한 연구입니다.

그중에 쓰카야 히로카즈(塚谷裕一)의 『잎의 형태를 결정하는 것』이라는 장이 있습니다. 유전자가 잎의 형태를 결정한다는 최신 연구인데, 무척 흥미롭습니다. 상세한 해석을 하기 위해, 모든 부분이 잘 연구되어 있어 '모델 식물'이라 불리는 애기장대풀*을 연구에 사용하고 있습니다.

보통 자라나는 애기장대는 '야생주'(野生株, wild strain)**라고 불립니다. 많은 애기장대풀을 키우면 풀의 여러 부분에서 야생주와는 다른 모양을 한 것이 발견됩니다. 그러한 변종을 '변이체' 라고 합니다.

잎의 형태에도 당연히 변이가 있습니다. 쓰카야 씨에 따르면 야생주와 비교하여 4종류의 변이체가 있다고 합니다.

1. 잎의 길이는 같은 정도지만 폭이 가늘고, 세포 수는 거의 같으며 세포의 폭이 줄어들어 있다.
2. 잎의 폭은 같은 정도지만 길이가 짧고, 세포 수는 거의 같으며 세포의 길이가 줄어들어 있다.
3. 잎의 길이는 같은 정도지만 폭이 가늘고, 가로 방향으로 있는 세포의 수가 적어져 있다.
4. 잎의 폭은 같은 정도지만 길이가 짧고, 세로 방향으로 있는 세포의 수가 적어져 있다.

이렇게 4종류입니다. 다시 말해 세포의 가로 방향과 세로 방향의 두께를 줄이는 작용, 그리고 가로 방향과 세로 방향의 세포 수를 줄이는 작용이 있습니다. 쓰카야 씨는 이러한 4종류의 작용이 각각 고유한 유전자에

* 발아한 다음에 씨가 맺힐 때까지의 1세대 기간이 약 6주로 비교적 짧고, 화학물질을 쓰면 다양한 형태의 돌연변이체를 간단히 만들 수 있다. 또 크기가 작아서 유리 용기 안에서 쉽게 재배할 수 있고 게놈 사이즈가 작아서 식물 연구를 위한 모델 식물로 많이 활용된다. 2000년 말에 전체 게놈의 염기 배열(약 1억 2,500만개)이 거의 완전히 해독되었고 2,400종의 유전자도 발견되었는데, 유전자 중에는 벼나 밀의 유전자와 공통된 것이 많다.

** 일반 자연 상태에서 발견되는 계통의 전형.

의해 제어되고 있다는 사실을 발견했습니다.

또 한 가지, 쓰카야 씨는 세포의 수가 적어지는 작용이 일어나면 만들어진 세포는 형태가 커진다는 새로운 발견도 했습니다. 그러나 이 현상이 유전자의 작용인지 어떤지는 아직 알 수 없습니다.

이상의 연구 결과를 보면 무척 재미있지 않습니까?

다만 일개 식물 애호가 주제에 실례되는 말인지 모르겠으나, 다음과 같은 사항들에 대해서도 좀 더 연구를 계속해주었으면 하는 바람입니다.

● 애기장대풀에서 발견된, 잎의 형태를 지배하는 유전자는 다른 종류의 식물에도 있는 것일까?

● 잎의 형태가 변한 애기장대풀의 변이체는 모든 잎사귀가 변이를 일으키고 있는 것으로 보인다. 그렇다면 변이를 일으키는 유전자의 발현이 애기장대풀 개체 전체에 이르고 있다는 말이 된다. 씨눈일 때 이미 돌연변이를 일으키고 있는 풀을 연구 대상으로 했기 때문에 유전자의 발현이 일제히 일어나고 있는 듯하다.(다음 그림을 봐주세요.)

● 가시나무 등에서는 같은 개체의 잎에 크기가 다른 것이 나타난다. 이 현상에도 같은 유전자가 관여하고 있는 것일까?

● 엄나무 같은 것은 나무의 연령과 함께 잎의 형태가 변하는 듯하다. 이 현상에도 같은 유전자가 작용하고 있는 것일까?

● 처음에 무엇이 유전자의 발현을 일으키고 있는 것일까? 또 무엇이 유전자의 시간적 발현을 재촉하고 있는 것일까?

위 그림은 『식물의 생존 전략』 45페이지에 있는 것을 그대로 그림으로 다시 그려본 것입니다. 한가운데의 애기장대풀이 야생주입니다. 앞서 정리해 본 1에서 4까지의 변이로, 왼쪽 위가 첫 번째 변이체입니다. 오른쪽 위가 두 번째 변이체, 왼쪽 아래가 세 번째, 오른쪽 아래가 네 번째 변이체입니다. 그림에서처럼 풀 전체의 잎이 돌연변이의 영향을 받고 있는 듯합니다.

쓰카야 씨의 연구 결과는 식물의 이른바 '정적'(靜的)인 현상의 해명에 공헌한 것입니다. 식물 애호가의 흥미는 오히려 식물의 '동적' 인 현상에 있습니다. 저는 이 부분에 대한 도전은 반드시 필요하다고 생각합니다.

쓰카야 씨도 이 부분은 충분히 알고 있을 것이어서, 책에도 그것과 관련된 기술이 있기는 합니다. 인용해 보지요.

"잎의 '원기'(原基)*에서는 일반적으로 기부(基部)에서 세포분열을 하기 때문에 끝에서부터 먼저 잎이 완성되어 갑니다. 즉 잎의 끝에 있는 세포가 완성된 시점에서는 최종적으로 잎이 어느 정도의 크기가 되고 잎에 몇 개의 세포가 사용되는지, 아직 잎 자신도 모르고 있을 터입니다. 그런데도 이때 잎 끝의 세포는 이미 바람직한 크기가 되어 있습니다. (중략) 어쩌면 세포분열의 모습을 잎의 기관(器官) 통째로 모니터하는 장치가 있는지도 모릅니다. 잎의 형태 만들기를 이해하기 위해서는 세포만 주목하는 것이 아니라 기관으로서의 잎에 무슨 일이 일어나는지를 조사할 필요가 있다고 할 수 있겠지요."

이처럼 유전자 해석은 착실히 진보하고 있는 듯한데, 아무래도 아직 저는 소화불량에 걸린 것 같습니다. 역시 앞에서 쓴 것처럼 잎의 형태에 관한 상세한 데이터베이스가 없으면 식물의 전체 모습을 해명하는 것은

* 개체의 발생 단계에서 그 형태나 기능이 기관(器官)으로서 아직 분화되지 않은 상태의 세포군.

불가능하다는 생각이 듭니다. 초심으로 돌아가 식물 형태의 견실한 데이터베이스 만들기에 힘쓰는 분은 없을까요?

트랜스포존(transposon)*이라는 '유동유전인자' 현상이 있습니다. 바버라 매클린턱(Barbara McClintock, 1902~1992)**은 옥수수 종자의 얼룩 모양에 착목하여 그 유전 구조를 상세하게 분석하고 또 염색체와의 관련성을 조사하여 유동유전인자를 발견했다고 위키피디아 사전에 나와 있습니다. 추측입니다만 연구의 배경에는 종자의 얼룩 모양에 대한 상세한 관찰이 있었음에 틀림없습니다.

이야기가 반복되지만 잎의 형태에 관해 우선 관찰 기록(데이터베이스)이 있었으면 합니다. 중학교, 고등학교의 선생님들, 어디 한 번 해보시지 않겠습니까?

(2007년 11월 21일)

❹ 물은 왜 100미터나 오르는가

저는 수목 애호가입니다. 식물학 같은 것을 연구한 적은 없습니다만, 지금까지 3회에 걸쳐 제가 흥미를 가진 '식물의 대충대충 생긴 것' 에 대

* 움직이는 유전자로 세균의 염색체상의 어떤 위치에서 임의의 다른 위치로 자유로이 이동하는 DNA 단위.
** 미국의 유전학자. 40대에 옥수수의 유동유전인자를 발견했으나 관심을 끌지 못하다가 1970년대에 들어서 이 인자가 가진 생물학적 · 의학적 중요성을 인정받았다. 이 업적으로 1983년에 노벨생리 · 의학상을 수상했다.

▲ 저자가 찍어서 자신의 블로그에 올린 꽃 사진들 일부.

해, 특히 잎의 다양성에 대해, 아마추어 나름대로 이해한 것을 썼습니다. 이번에는 그것에 이어서입니다.

세계에서 가장 키가 큰 나무는 캘리포니아에 있는 레드우드라는 세쿼이아와 동종의 나무라고 하는데, 키가 무려 115미터나 됩니다. 물론 꼭대기에도 잎이 있어(침엽수입니다만) 광합성을 하고 있습니다. 광합성을 하기 위해서는 땅속에서 수분을, 그리고 공기 중에서 탄산가스를 흡수해야만 합니다.

제가 의문시하는 것은 대체 레드우드는 어떻게 해서 물을 100미터 이상이나 되는 높은 곳까지 끌어올리는가 하는 것입니다.

손으로 펌프질을 해서 물을 끌어올리는 펌프를 본 적이 있을 겁니다. 펌프질을 하면 피스톤이 올라가고, 피스톤이 들어 있는 실린더 내부가 진공 상태가 되어 우물에 걸려 있는 1기압의 대기압이 물을 끌어 올려 실린더에 물을 쏟아내면 실린더에 붙어 있는 출구로 물이 나오게 되어 있습니다.

1기압이란 1제곱센티미터 당 1킬로그램의 힘이 가해진 것을 말합니다. 물의 밀도는 1제곱센티미터 당 1그램이니까 높이가 10미터인 물기둥의 밑면에는 1기압의 압력이 걸립니다. 그러므로 펌프의 위치가 우물의 수면에서 10미터 이상 높은 곳에 있으면 우물에서 펌프로 연결되어 있는 파이프의 중간인 10미터 지점까지만 물이 올라올 뿐, 그 이상은 펌프가

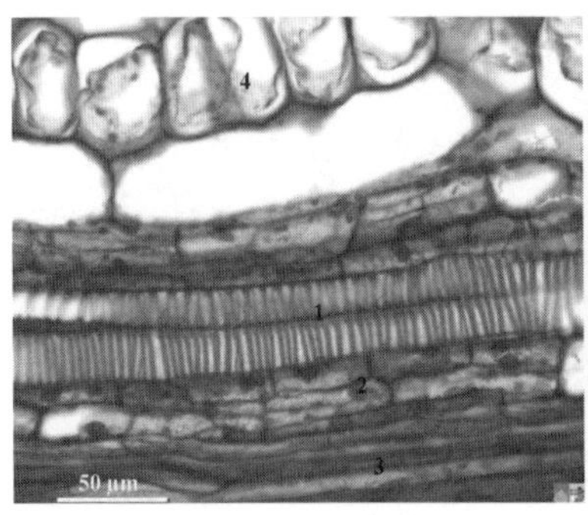

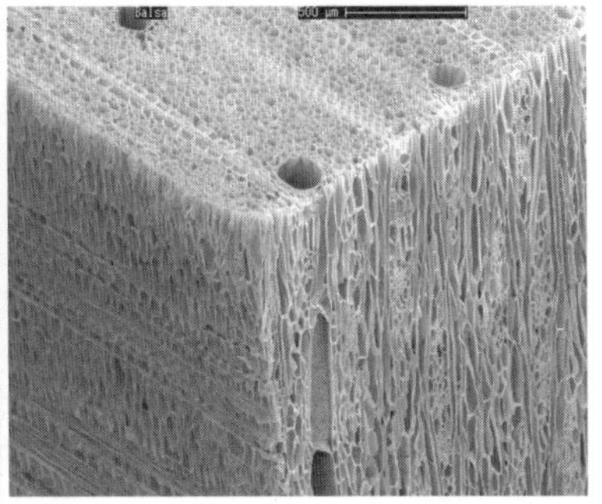

▲ 수련 잎사귀의 작은 도관을 통과하는 종단면(왼쪽)과 발사나무 모서리(오른쪽).

작동하지 않습니다.

그러므로 레드우드는 펌프와는 다른 원리를 이용해서 물을 끌어올릴 것입니다. 그 원리를 잘 몰랐습니다. 사실 그것을 공부하기 위해 '❷ 데이터베이스는 있는가'에서 소개한 피터 토머스의 『나무들』을 샀습니다.

39페이지에서 51페이지에 걸쳐 그 구조가 나와 있습니다. 원리는 이렇습니다.

물을 운반하는 파이프를 물관(vessel)이라고 합니다. 헛물관(tracheid)* 은 목재 전체 용적의 90~94퍼센트를 차지하고 수목을 지탱하는 역할도 합니다. 헛물관은 굉장히 가늘어 지름이 0.025~0.08밀리미터 정도입니다. 헛물관은 수 밀리미터 길이의 관으로, 헛물관 사이의 끝은 닫혀 있습니다만 벽에 뚫린 벽공을 통해 나무 위까지 연결되어 있습니다.

* 헛물관은 모든 관다발 식물에서 식물체를 지지하며, 물과 용해된 무기질이 위로 올라가는 통로가 된다.

광엽수의 물관은 훨씬 두꺼워 0.5밀리미터 정도 됩니다. 물관의 기원이 되는 세포는 죽으면 내용물이 빠져 튜브가 됩니다. 죽은 세포끼리는 천공(穿孔)이라 불리는 구멍을 통해 연결됩니다. 이렇게 해서 만들어진 물관은 나무 꼭대기까지 뻗어갑니다.

물관은 잎까지 뻗어갑니다. 물관에 기포가 없이 물로 가득 차 있다고 합시다. 잎은 기공(氣孔)을 통해 물을 밖으로 배출합니다. 이것을 증산(蒸散)*이라고 하지요.

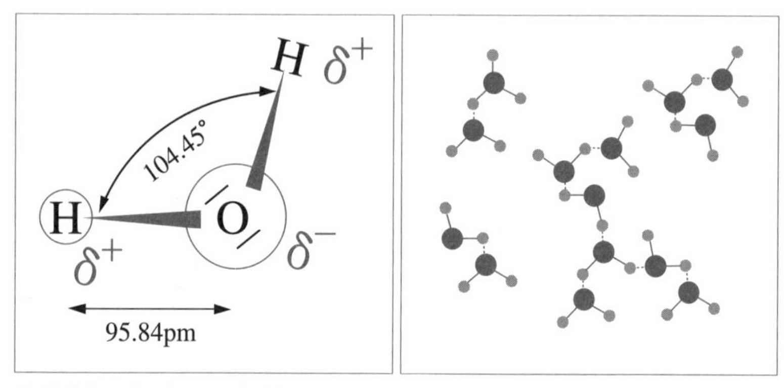

물 분자의 극성 δ+는 수소가 약한 플러스 전기를 띠고 있다는 것을, δ-는 산소가 약한 마이너스 전기를 띠고 있다는 것을 나타낸다(왼쪽). 물속의 수소 결합 네트워크의 모형도. 커다란 점이 산소 원자, 조그만 검은 점이 수소 원자, 실선이 공유 결합, 점선이 수소 결합을 나타낸다(오른쪽).

여기에서 물의 특수한 성질을 알 필요가 있습니다. 물은 H_2O라고 표시되는 것처럼 2개의 수소 원자와 1개의 산소 원자가 붙은 분자입니다.

* 식물이 뿌리를 통해 흡수한 물을 식물 잎의 기공을 통해 대기로 잃어버리는 과정을 말한다.

옆의 왼쪽 그림을 봐주세요. 2개의 수소는 산소에 대해 약 104도의 각도로 연결되어 있습니다. 수소 원자에 있는 전자는 수소와 산소 사이에 있는 것이 많기 때문에 분자의 바깥쪽에서 수소를 보면 플러스 전기를 가진 원자핵이 살짝 보이게 됩니다. 반대로 산소는 전자가 분자 바깥쪽에 모이는 경향이 있습니다. 그러므로 물 분자는 수소 근처가 플러스 전기를, 그리고 산소 근처에서는 마이너스 전기를 띠는, 이른바 전기쌍극자(電氣雙極子, electric dipole)*가 됩니다.

그렇다면 오른쪽 그림에 있는 것처럼 물 분자끼리의 플러스 · 마이너스 전기가 서로 끌어당겨 결합하게 됩니다. 이런 현상을 수소결합이라고 합니다.

가는 물관 안에 있는 물 분자도 수소결합을 하여 서로 연결됩니다.

잎에서 물이 증산해가면 수소결합을 한 물이 증산으로 없어진 양만큼 올라가는 것입니다. 메밀국수를 젓가락으로 집어 올리는 느낌입니다. 다시 말해 이 수소결합이 키 큰 나무의 꼭대기까지 물을 끌어올리는 원리를 담당하는 것입니다.

가는 관에 기포가 생기지 않도록 주의하며 물을 가득 채웁니다. 그리고 위에서 물을 뽑아나가면 물을 무려 450미터 이상 끌어올릴 수 있다고

---

* 물질은 마이너스 전하를 띤 전자와 플러스 전하를 띤 핵이 평형을 이루고 전기적으로 중성을 이루고 있다. 그러나 총 마이너스 전하와 총 플러스 전하의 위치가 일치하지 않는 경우나, 마이너스 전하를 띤 물질과 플러스 전하를 띤 물질이 일정한 거리를 두고 떨어져 있는 상태를 전기쌍극자라고 한다. 그 크기는 보통 전기쌍극자모멘트(electric dipole moment)로 나타낸다.

합니다. 물이 올라갈 수 있는 높이는 관의 지름과 관계가 있을 텐데, 두꺼운 관으로는 물을 잘 끌어올릴 수 없을 것입니다.

중학생의 실험에 딱 맞겠네요. 꼭 실험해보시고 그 결과를 알려주시면 좋겠습니다.

(2007년 11월 22일)

❺ 식물의 종자(열매)는 '대충대충' 하지 않다

수목 애호가 이야기도 일단 이것을 끝으로 정리하겠습니다.

식물의 잎이나 가지의 모양 등은 일정한 규칙도 없고 상당히 대충대충 만들어져 있다고 말했습니다. 그렇게 대충대충 만들어진 모습도 유전자가 관여하고 있는 것 같은데, 바로 이 유전자의 스위치를 켜거나 끄는 동적 메커니즘에 그 대충대충 만들어진 것의 비밀이 있는 것 같다는 것이 저의 짐작입니다. 그러나 이 부분에 대한 연구는 아직 진행되고 있지 않은 듯합니다.

우리 집의 코딱지만 한 뜰에는 두 그루의 히메샤라가 있습니다. 심은 지 벌써 30년이나 되었습니다만 줄기의 지름은 아직 15센티미터 정도로 성장이 꽤 느린 나무입니다. 그래도 초여름이 되면 지름 2센티미터쯤 되는 하얀 꽃을 가득 피웁니다. 눈에 잘 띄지 않는 꽃이라서 꽃이 지는 것을 보고, '아아, 히메샤라가 꽃을 피웠구나' 하고 그때서야 알아차리곤 합니다. 꽃이 다 지면 열매가 되어 가을 초입에는 많은 열매가 떨어집니다.

떨어진 열매의 일부는 이듬해 봄 싹을 틔웁니다. 그것을 화분에 옮겨 심어 키운 적이 있습니다. 수 년 걸려 수십 그루쯤 시험해본 것 같습니다. 꽤 까다로운 나무여서 대부분은 자라지 않습니다. 그래도 한 그루는 예전 직장인 오쿠히다에서, 또 한 그루는 사가미하라(相模原) 쪽에서 자라고 있습니다. 오쿠히다의 히메샤라는 벌써 3미터를 넘은 것 같은데, 아마 그대로 살아남겠지요.

그리운 오쿠히다의 골짜기에 있는 제 히메샤라의 사진은 다음 페이지에 소개되어 있습니다. 위쪽 가지가 눈의 무게로 부러졌습니다.

이야기가 옆길로 샜습니다. 오늘 이야기는 그 열매에 관한 것입니다. 잎 크기가 제멋대로인 것과 비교했을 때, 열매는 크기도 일정하고 결코 대충대충 생긴 게 아니라는 것을 알 수 있었습니다.

뜰에는 몇 종류의 장미나 담쟁이덩굴, 트럼펫인동덩굴, 인동초 등 여러 가지 이상한 식물이 심어져 있습니다. 이것은 아내의 취미인데, 저는 초목을 심어 키우는 데 특별히 흥미를 갖고 있지는 않습니다. 올해(2007)는 기후가 좋아서인지 덩굴장미에 열매가 많이 열렸습니다. 그리고 올해

▲ 히메샤라(동백과의 낙엽송) 나무 : 도쿄대학 우주선연구소 카미오카(神岡) 우주소립자 연구시설 옆에 저자가 씨를 뿌린 히메샤라가 크게 자라 있다.

▲ 히메샤라의 꽃

처음으로 담쟁이덩굴에 꽃이 피었고, 보라색 빛이 도는 열매도 열렸습니다. 트럼펫인동덩굴이나 인동초의 새빨간 열매도 귀엽습니다.

식물의 종류에 따라 열매의 크기, 색이나 형태도 다릅니다만 각 식물의 열매는 크기도 거의 같고 결코 대충대충 열린 것이 아닙니다.

오쿠히다의 초가을에는 일본호두나무 열매가 머리 위로 떨어집니다. 가파른 언덕길에서는 호두가 데굴데굴 굴러갑니다.(아직 과육이 붙은 열매는 둥글어서 잘 구릅니다.) 지금 생각해보면 그 열매의 크기는 거의 같은 정도로, 잎과 같은 큰 차이는 없습니다.

사실 열매는 그 안에 종자를 품고 있어 식물의 생존에 가장 중요한 부분입니다. 그러므로 열매 부분에는 그 '대충대충'이 허락되지 않는 게 아닐까 하는 생각을 했습니다. 이 분야 연구자들은 이것에 전혀 관심이 없는 듯, 책을 찾아봐도 관련된 내용이 없는 것 같습니다.

그러나 금세 반론이 들려옵니다. 밤송이를 보시오. 칠엽수의 열매를 보시오. 껍데기 안에는 열매가 3개쯤 들어 있는데 그중의 하나가 크고 나머지는 작은 것을 흔히 볼 수 있지 않소. 또 땅콩을 보시오. 껍데기가 붙은 땅콩을 벗기면 안의 열매는 그 크기가 제각각이잖소.

히메샤라나 장미, 담쟁이덩굴 등과 달리 껍데기 안에 여러 개의 열매가 들어 있는 것은 다른 전략을 취하고 있는 듯합니다. 좁은 껍데기 안에서 3개의 열매는 될수록 크게 되려고 서로 경쟁합니다. 3개가 똑같이 균형을 유지하며 크게 되는 것은 어려운 일이겠지요. 어느 것인가가 세력이 강해서 다른 열매의 기세를 눌러버리는 것으로 생각됩니다. 어떤 계기로 하나의 열매가 그런 기세를 얻는 것일까요? 그 구조는 알 수 없습니다.

여유가 있으면(충분히 있지만) 조사해보고 싶습니다.

(2007년 11월 23일)

19세기말 과학의 어려움 – 빛의 과학

❶ 빛의 과학과 태양의 에너지원

'20세기는 물리학의 세기' 라 불릴 정도로 과학기술은 엄청나게 진보했습니다. 바로 성난 파도와 같은 기세였습니다. 그 기초가 된 것은 양자역학과 (특수)상대성이론입니다. 상식을 뒤집는 이런 새로운 법칙은 수학처럼 인간의 두뇌 안에서 만들어진 것이 아닙니다. 19세기말, 자신의 주변에 있는 현상을 자세히 관찰하자 그때까지의 생각으로는 도저히 설명할 수 없는 현실이 발견되었던 것입니다. 과학자는 그러한 관측 사실을 어떻게든 (수학적으로) 설명하려고 엄청난 고생을 거듭했고, 결국 새로운 법칙을 발견했습니다. 그때까지 우리들 주변에 엄연히 존재했지만 이해할 수 없었던 그 현상에 대해 지금부터 설명하고자 합니다.

그 가운데 오랫동안 이해할 수 없었던 현상 가운데 하나는 태양의 에너지원입니다. 이 이야기는 앞에서, 즉 '강의 2의 ❶ 방사선과 태양의 에너지원 그 하나' 에서 소개했습니다. 핵융합반응이 그 수수께끼를 푸는 열쇠였는데, 그 기초가 된 것은 말씀드렸다시피 아인슈타인의 (특수)상대성이론이었습니다.

이번에는 그것 이외의 현상 가운데 하나를 소개해 보지요. 그것은 '빛' 에 관한 현상입니다. 다들 아시다시피 빛은 1초에 지구를 7바퀴 반, 즉 30만 킬로미터를 달립니다. 이 속도가 열쇠입니다. 보통의 물체는 빛보다 훨씬 느린 속도로밖에 움직일 수 없습니다. 그렇게 느린 세계에서 물체의 움직임은 뉴턴이 세운 법칙으로 충분히 설명할 수 있습니다. 빛은 전자파의 일종인데, 그 기본이 되는 법칙인 맥스웰(James Clerk Maxwell, 1831~1879)*의 맥스웰 방정식(Maxwell's equations)**은 19세기 중반에 확립되었습니다. 그 법칙 중에서 광속 c가 전자파를 나타내는 가장 기본적인 상수(常數)라는 것을 알 수 있게 되었습니다.

이후 빛의 관측, 특히 빛의 파장이나 진동수의 측정 기술이 급속하게 발전하여, 태양관이 어떤 파장의 빛으로 성립되어 있을까, 다시 말해 태양빛은 어떤 색의 빛이 섞인 것일까 등, 이른바 '스펙트럼 관측' 을 높은 정

---

* 영국의 물리학자. 전자기학에서 거둔 업적은 장(場)의 개념의 집대성이며 빛의 전자기파설의 기초를 세웠고 기체의 분자운동에 관해 연구했다.

** 가우스 법칙, 자기에 대한 가우스 법칙, 패러데이 법칙, 맥스웰이 수정한 앙페르 법칙, 이상 4개의 법칙을 맥스웰 방정식이라고 한다. 전자기현상의 모든 면을 통일적으로 기술하고 있는, 전자기학의 기초가 되는 방정식이다. 이 방정식을 기본으로 하여 맥스웰이 전자기장이론을 확립했다.

밀도로 할 수 있게 되었습니다.

용광로나 도자기를 만드는 가마 안을 들여다보면 내부의 온도와 함께 안의 빛깔이 빨간색에서 흰색으로 변해가는 것을 관찰할 수 있습니다. 또 석탄이나 장작을 때는 난로의 바깥쪽 온도가 올라감에 따라 빨갛게 빛나는 것도 같은 현상일 것입니다.

▲ 제임스 맥스웰.

용광로는 번거로우니까 내화성이 있는 철이나 도자기 등으로 만들어진 항아리를 준비합니다. 도가니의 구멍은 작고, 안이 간신히 들여다보일 정도로 만듭니다. 안에 아무것도 넣지 않고 도가니를 가열합니다. 가열하는 동안 도가니의 구멍으로 안을 들여다보기로 합시다. 온도가 낮을 때는 안이 어둡고 아무것도 보이지 않습니다. 온도가 수백 도로 올라가면 내부는 빨갛게 빛나기 시작합니다. 다시 말해 빨개질 때까지 달구어집니다. 온도를 더욱 올리면 내부의 색은 빨간색에서 노란색으로, 그리고 하얗게 빛나기 시작합니다. 백열상태가 되는 것입니다.

지상에서는 더 이상 온도를 올릴 수 없습니다. 우주의 별은 무언가의 방법으로 별 전체가 가열되고 있어 도가니 내부와 같은 상태가 되는 것으로 보입니다. 난로의 바깥쪽이 빛나는 것과 같은 원리입니다. 그래서 여러 별을 관찰해보면 백열에서 더욱 파랗게, 그리고 결국에는 자외선으로 빛나는 별을 발견할 수 있습니다.

다시 말해 도가니를 가열하면 그 내부는 빛으로 가득차고 온도와 함께 색이 빨간색에서 노란색, 흰색으로, 그리고 청색에서 자외선으로까지 변해갑니다. 도가니의 구멍으로 보이는 빛의 스펙트럼 분포, 즉 진동수 분포를 측정해보면, 그 결과 다음과 같은 사실을 알 수 있을 것입니다.

① 도가니 내부의 색은 다양한 진동수의 빛이 섞여서 이루어져 있지만, 가장 강한 빛의 진동수에 주목하면 그 진동수는 도가니 내부의 절대온도에 비례한다. 빈의 변위법칙(Wien' s Displacement Law).
② 빛의 진동수 분포는 도가니 벽의 재질에 관계없이 항상 같은 형태를 취하고 있다.
③ 빛의 진동수 분포는 어떤 진동수에서 빛의 세기가 가장 커지고, 진동수의 수치가 높은 쪽으로 움직이든 낮은 쪽으로 움직이든 빛의 세기는 약해진다.

이상이 관측을 통해 알게 된 사실의 일부입니다. 참고로 진동수 분포를 도표로 나타냈습니다.

당시의 과학으로는 ①도 ③도 설명할 수 없다는 것을 알았습니다.

절대온도(섭씨온도 +273도, 단위는 K)는 분자의 열운동에 관계됩니다. 온도는 분자 1개, 정확히 말하자면 자유도(自由度)인 상태의 분자 1개 당 에너지라는 것은 알고 있었습니다. 그러므로 온도는 에너지로 변환되고 절대온도를 T, 분자의 에너지를 E라고 한다면 비례상수를 k로 하여 간단히,

$$E = kT$$

라고 쓸 수 있습니다.

빛의 진동수를 f로

빛의 진동수 분포

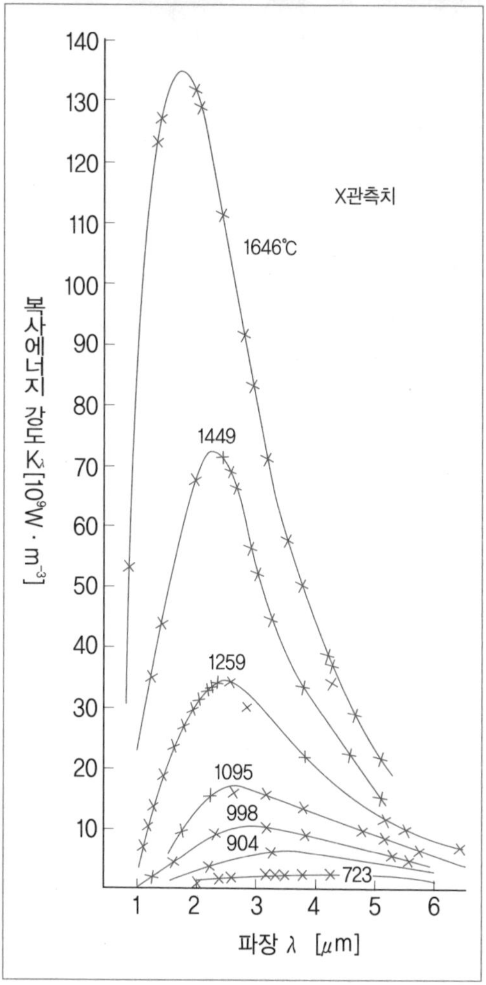

▲ 『물리학 사전』(物理學辭典 · 三訂版, 培風館) 2,192페이지에서 인용

▲ 빌헬름 빈.

하여 보겠습니다. 관측 사실 ①을 어떤 상수 h를 가져와,

hf/kT = 일정한 수치

라는 식으로 나타낼 수 있습니다. 일정한 수치라는 것은 단순한 수라는 것이고, 속도 등과 같이 단위를 가진 관측량이 아니라는 것을 나타냅니다. 이 설명은 그럴 듯한 것 같습니다만, 정확히 말하자면 좀더 상세한 논의가 필요합니다. 그 힌트는 빌헬름 빈*의 노벨상 수상 강연에 있습니다. 좀 어렵지만 말입니다.

사실 이 공식은 당시의 이론으로 설명할 수 없었습니다. 지금 생각하면 이유는 간단합니다. “전자파, 일반적으로 파동의 에너지는 진동수와 상관없고 그 진폭의 제곱에 비례한다”라는 것이 당시 이론의 내용입니다. 실제로 음파나 바이올린 등 현의 진동은 그렇게 되어 있습니다. 맥스웰의 전자파 이론도 예외는 아닙니다.

* Wilhelm Wien(1864~1928). 독일의 물리학자. 열복사 연구를 통해 흑체 복사에서 그 강도가 가장 크게 되는 파장은 절대온도에 비례하여 변화한다는 빈 변위법칙을 발견했다. 또한 막스 플랑크의 복사 공식의 발견에 앞서 단파장 열복사 강도의 근사적 공식을 이끌어내는 데 성공하여 플랑크 열복사 이론의 선구자가 되었다. 열복사 연구로 1911년 노벨 물리학상을 받았다.

그런데 앞에서 식이 의미하는 것은 이렇습니다. kT는 에너지를 표시하기 때문에 식을 약간 변형하면,

hf = (일정한 수치) · (kT)

가 됩니다.(· 은 곱셈을 나타냅니다.) 그러므로 hf가 빛의 에너지를 표현하는 것입니다. 그런데 f는 진동수지 진폭이 아닙니다. 이것은 모순입니다.

우리가 사물을 나타낼 때는 질량, 길이, 시간, 이렇게 세 가지만 알면 충분합니다. 당시 기본적인 상수로, 이 세 가지 단위로 표시할 수 있는 것은 뉴턴의 만유인력과 광속뿐이었습니다. 앞의 k도 기본 상수일 거라는 목소리가 들려올지도 모릅니다. 분명히 그렇지만 k는 질량, 거리, 시간으로 표시할 수 없고, 인간이 마음대로 정한 '도'(度)라는 단위가 들어가기 때문에 기본 상수라고 간주할 수도 없습니다.

진동수는 1초 당 파동이 몇 번 진동하는가를 표시하기 때문에 그 단위는,

'1/시간'

이 됩니다.(또한 시간은 단위이지만 '/' 앞의 '1'은 단순한 수이기 때문에 단위라고는 말할 수 없습니다.)

에너지의 단위는,

(질량)×(거리)^2/(시간)^2

입니다. 그러므로 앞에서 말한 상수 h는,

(에너지)×(시간)

즉,

(질량)×(거리)^2/(시간)

의 단위를 가지며, 광속이나 만유인력 상수와 같은 기본적인 상수로 생각할 수 있습니다.

뉴턴의 역학이나 맥스웰의 전자파 이론이 각각 만유인력 상수나 광속을 기본으로 하여 만들어진 것처럼, 이 새로운 단위를 가진 상수의 도입은 이 상수를 기본으로 가진, 완전히 새로운 이론을 필요로 하는 것입니다.

kT는 한 분자의 운동을 나타내는 에너지였습니다. 상수 h와 빛의 진동수 f를 곱한 hf는 빛의 에너지인데, 빛은 파동이므로 공간으로 퍼져나갑니다. 분자처럼 하나하나로 분할될 수 없는 것이지요. 그렇다면 분자에 대응하는 빛의 에너지 hf에는 어떤 의미가 있을까요? 이것도 해결하지 않으면 안 되는 의문입니다.

(2007년 12월 4일)

❷ 도가니 내부의 빛 스펙트럼

앞에서는 도가니를 고온으로 했을 때 내부에 발생하는 빛을 관찰하면 다음과 같은 사실을 알 수 있다고 했습니다.

① 도가니 내부의 색은 여러 가지 파동수의 빛이 섞여서 이루어지는데 가장 강한 빛의 진동수에 주목하면 그 진동수는 도가니 내부의 절대온도에 비례한다.

② 빛의 진동수 분포는 도가니 벽의 재질에 상관없이 항상 같은 형태를 하고 있다.

③ 빛의 진동수 분포는 어떤 진동수에서 빛의 세기가 가장 커지고 진동수의 수치가 높아지든 낮아지든 빛의 세기는 약해진다.

①의 사실은 뉴턴의 역학이나 맥스웰의 전자기학에서 설명할 수 없는 것을 이야기했습니다.

그 이유는 ①에서 나온 사실, "도가니 내부의 빛 에너지가 빛의 진동수에 비례한다"는 사실을 뉴턴이나 맥스웰의 이론으로는 설명할 수 없기 때문이었습니다.

마찬가지로 ③의 사실도 ①처럼 당시의 이론으로는 설명할 수 없었습니다. 이번에는 그것을 설명하겠습니다.

도가니에 작은 구멍(창)이 뚫려 있으면 그곳으로 내부의 빛이 새어나옵니다. 작은 창에서 나오는 빛의 강도를 진동수별로 측정합니다. 빛의 강도의 단위는 1제곱미터 당, 1진동수 당 에너지입니다. 진동수의 단위는 '1/초' 이므로 빛의 강도 단위는,

(에너지)/m^3/(1/초)=(에너지)・(초/m^3)

가 됩니다. 그런데 ②의 사실에서 빛에 관계되는 양으로는 도가니의 온도(T), 빛의 진동수(f)뿐이라고 추측할 수 있습니다. 또한 당시 기본 상수로 알려진 것은 광속(c)과 뉴턴의 만유인력 상수였습니다. 도가니의 가열에 중력은 관계없기 때문에, 관계하는 기본 상수는 광속밖에 없습니다.(새로운 상수 h는 아직 생각하지 않기로 합니다.)

그렇다면 T, f, c에서 빛의 강도 단위를 부여할 수 있는 식을 생각해보기로 하겠습니다.

kT는 에너지입니다. f의 단위는 '1/초', c의 단위는 'm/초' 입니다. 이것들로부터 앞에서 에너지 밀도를 생각했을 때 나온 '초/m^3' 을 내기 위해서는 f^2/c^3이라고 하면 된다는 것을 알 수 있습니다.

그러므로 빛의 강도는,

$(f^2/c^3) \cdot kT$

에 비례할 터입니다. 실제로 영국의 레일리(John William Strutt Rayleigh, 1842~1919)*와 진스(James Hopwood Jeans, 1877~1946)**는 상세한 계산을 하여 1900~1905년 사이에 비례상수까지 포함한 식을 도출

---

* 영국의 물리학자. 초기 연구는 광학 및 진동계에 관한 수리적인 것이었으나 후에는 거의 물리학 전반에 걸친 이론적・실험적 연구로 나아갔다. 또 전기저항・전류・기전력에 대한 표준측정을 하고 후년에는 복사에 관한 레일리-진스의 공식을 유도했다. 물의 성분을 정밀하게 측정하는 문제에서 출발하여 수소・산소에 이어서 질소의 질량을 측정하는 과정에서 1894년 램지와 함께 아르곤을 발견, 그 공로로 1904년 노벨물리학상을 받았다.

** 영국의 물리학자이자 천문학자. 『기체운동론』(The Dynamical Theory of Gases, 1904)을 발표했고, 이 이론을 복사진동체에 적용하여 레일리-진스의 법칙을 발견했다.

▲ 존 레일리(왼쪽)와 제임스 진스(오른쪽).

해냈습니다. 이 식은 레일리-진스의 법칙(Rayleigh-Jeans' law)이라고 불립니다. 당시의 이론으로 끌어낼 수 있는 것이 이 식이었던 것입니다.

그러나 이 식은 분명히 ③과 모순됩니다. 빛의 강도는 진동수의 제곱에 비례하여 점점 커져갑니다. 이 식은 결코 어떤 진동수에서 강도가 최대가 되고 그 양쪽에서 줄어들지 않습니다. 극단적으로 말하자면 도가니의 온도가 낮을 때도 진동수가 높은 빛, 즉 청백색의 빛밖에 내지 않을 터입니다. 이것은 관측과 완전히 모순됩니다.

1911년 노벨물리학상을 수상한 빌헬름 빈은 다른 생각을 하여, 레일리-진스의 법칙과는 다른 식을 도출해냈습니다. 빈은 도가니를 피스톤이 있는 실린더로 설정하고 가열하여 피스톤을 밀어 넣었을 때 어떻게 될지를 생각한 것입니다. 피스톤을 밀어 넣으면 도가니 안의 빛은 압축되어 온도가 올라갑니다. 동시에 피스톤의 움직임은 피스톤에 부딪혀 되튀는 빛의 진동수를 약간 크게 하는 효과를 줍니다. 이것은 도플러 효과(Doppler effect)*에 의한 것입니다. 피스톤을 밀어 넣는 이 작업은, 피스톤을 움직이지 않고 실린더를 가열하여 동일한 온도 상승이 있었던 상태와 같을 것이라고 예상하는 것입니다. 온도를 올리면 (도플러 효과로) 진동수가 많아진다는 파동의 특징을 넣는 점이 특징입니다. 이제 빈의 변위법칙이 나옵니다. 그가 끌어낸 빛의 강도의 식은,

$$(f^2/c^3) \cdot hf \cdot \exp(-hf/kT)$$

입니다. 여기서 식의 마지막에 나오는 $\exp(-hf/kT)$는 수치 e(2.71828……)를 취했을 때 e의 $(-hf/kT)$제곱을 나타냅니다.

$$\exp(-hf/kT) = e^{-hf/kT}$$

* 파동을 발생시키는 파원과 그 파동을 관측하는 관측자 중 하나 이상이 운동하고 있을 때 발생하는 효과로, 파원과 관측자 사이의 거리가 좁아질 때는 파동의 주파수가 더 높게, 거리가 멀어질 때는 파동의 주파수가 더 낮게 관측되는 현상이다. 기차의 기적소리나 우주의 배경복사 등에서 관찰할 수 있다. 1842년 오스트리아의 물리학자 도플러가 처음으로 발견했다.

우선은 이 수치나 이상한 거듭제곱은 이런 것이구나, 라고 생각하는 것만으로 좋습니다.

이 식과 레일리-진스 법칙의 차이를 보기 위해 절대온도 2.725K(-270도)를 취하여 양쪽의 식을 비교해보세요. 왜 이 온도를 취했는가는 나중에 설명하겠습니다. 이렇게 저온이라면, 도가니 안 빛의 진동수는 훨씬 적어져서 이제 빛이라고도 말할 수 없는 극초단파(microwave)의 전파가 됩니다.

엔지니어는 진동수의 단위로 헤르츠(Hz)를 사용합니다. 이것은 제가 설명해온 '1/초'와 같습니다만 진동수라는 것을 강조하기 위해 앞으로 헤르츠를 사용하겠습니다.

또한 커다란 진동수를 표현하기 위해서는 1,000배, 100만 배, 10억 배, 1조 배를 킬로(k), 메가(M), 기가(G), 테라(T)를 붙여 표시하겠습니다. 1,000억 헤르츠의 진동수는 100기가헤르츠(GHz)라고 표시합니다. 이렇게 하는 것이 더 알아보기 쉬운 사람도 있습니다.

절대온도가 2.725K라면 도가니 안의 극초단파의 진동수는 100~500 기가헤르츠 정도로 확대됩니다.

(2007년 12월 5일)

❸ 2.725K의 도가니에서 나오는 전파, 흑체복사

앞에서 도가니 안의 빛은, 1900년 이전의 물리 이론에서 이끌어낸 식으로는 설명할 수 없다는 점을 설명했습니다. 이론적인 식의 하나는 레일리-진스의 법칙이라고 불리는 식으로, 도가니의 온도, 빛의 진동수, 그리고 광속만으로 표시되었습니다. 또 하나 빈의 식은 발상이 상당히 다른 것인데, 그 때문에 식의 형태도 아주 다릅니다. 가장 큰 차이는 새로운 보편적인 상수 h가 들어가고 빛의 에너지는 그 진동수를 f로 하여 'hf'로 표시되는 것이었습니다. 이 생각은 빈의 변위법칙이라는 관측 사실을 이용해 끌어낸 것입니다. 그러므로 빈의 식은 당시의 이론에 일부 새로운 관측 사실을 부가해 개량한 것이라 볼 수 있습니다. h라는 새로운 상수를 사용하는 것도 그 때문입니다.

나중에 알게 된 것입니다만, 빌헬름 빈은 왜 빛의 에너지가 진동수에 비례한다는 것을 깊이 생각하지 않았을까요? 까닭은 E=hf라는 식은 당시의 이론으로는 전혀 이해할 수 없었기 때문입니다. 1900년에 빈은 아직 서른여섯이라는 젊은이였는데, 당시의 생각에서 빠져나올 수 없었다는 것을 보여주고 있습니다. 과학의 비약적인 발전을 이끄는 것이 얼마나 어려운 것인가를 알 수 있을 겁니다.

그렇다면 온도가 -270도(절대온도 2.725K)일 때 양쪽 식이 어떻게 되는지를 보여드리겠습니다.

절대온도가 2.725K라면 도가니 안의 극초단파의 진동수는 수십에서 500기가헤르츠 정도로 확대됩니다. 위의 그래프는 극초단파의 진동수를 가로축으로 하여 양쪽의 식을 나타낸 것입니다. 위로 솟은 점선이 레일

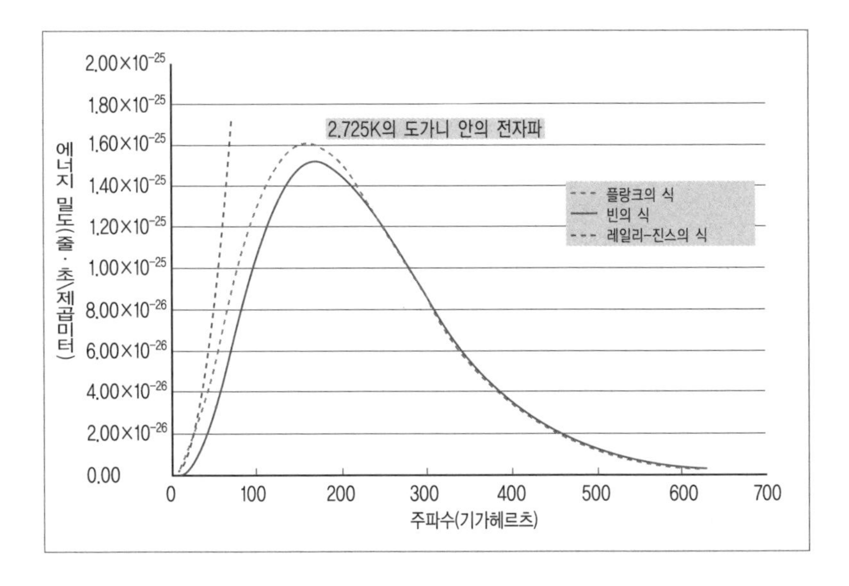

리-진스의 식, 파선이 빈의 식입니다. 관측치는 흔히 '플랑크*의 식' 이라고 쓰여 있는 곡선으로 표현됩니다.(그래프에서는 실선) 다시 말해 빈의 식은 진동수가 많은 스펙트럼을 잘 설명합니다만, 진동수가 적은 곳에서는 관측치로부터 벗어나게 됩니다. 레일리-진스의 식은 진동수가 훨씬 적은 곳에서 관측치와 가까스로 일치하고, 진동수가 약간 많아지면 전혀 일치하지 않습니다. 플랑크의 식은 나중에 설명하겠습니다.

---

* Max Karl Ernst Ludwig Planck(1858~1947). 양자역학의 성립에 핵심적 기여를 한 독일의 물리학자다. 1899년 새로운 기본 상수인 플랑크 상수를 발견했다. 그리고 1년 후 플랑크의 복사 법칙이라 불리는 열복사 법칙을 발견했다. 이 법칙을 설명하면서 그는 최초로 '양자' 개념을 주창했는데, 이는 양자역학의 단초가 되었다. 1918년에 양자 역학의 기초를 마련한 공로로 노벨 물리학상을 수상했다. 또한 그는 아마추어 과학자에 불과하던 알베르트 아인슈타인을 발굴한 사람이기도 하다.

이처럼 도가니 안의 전파(빛)의 움직임은 당시의 이해를 넘어서고 있었습니다. 여기서 도가니 안이라고 하면 뭔가 현실세계와는 별 관계없는 현상과 같은 기분이 듭니다. 그러나 철을 녹이는 용광로 안 역시 도가니에 가깝습니다. 당시의 작업자는, 용광로의 온도를 높이면 작은 창으로 보이는 내부가 빛으로 가득차고 온도가 올라가며 빛의 색은 빨간색에서 하얀색으로 바뀐다는 것을 알고 있었습니다. 다시 말해 아주 흔한 현상이었던 것인데, 사람들이 그다지 깊이 생각하지 않았을 뿐입니다.

그 후 도가니 내부 빛의 진동수 분포(스펙트럼 분포)는 빛을 완전히 흡수하는 물체(완전히 검은 물체)가 가열되었을 때 나오는 빛의 스펙트럼 분포와 완전히 같다는 것도 알 수 있었습니다. 그래서 지금까지 설명해온 빛의 스펙트럼 분포를 '흑체복사'(黑體輻射, black body radiation)라고 합니다. 이 복사 빛의 세기는 흑체나 도가니를 만드는 재료와 관계없이, 보편적인 상수와 진동수, 그리고 절대온도만으로 표시될 것입니다. 난로, 태양, 별은 흑체복사에 가까운 스펙트럼으로 빛을 발하고 있습니다.

그런데 제가 왜 2.725K라는 극저온을 택했는지는 다음 회에서 설명하겠습니다.

(2007년 12월 6일)

④ 2.725K의 우주배경복사

앞에서는 2.725K라는 극저온의 흑체복사의 이론치와 관측치가 일치하지 않은 것에 대해 설명했습니다. 또한 나중에 설명하겠습니다만, 플랑크의 식이 흑체복사의 스펙트럼을 잘 설명한다는 것도 이야기했습니다. 이번에는 그것에 이어서 설명하겠습니다.

1964년 아노 펜지어스(Arno Allan Penzias, 1933~)*와 로버트 윌슨(Robert Woodrow Wilson, 1936~)**은 우주 전체가 파장 약 1밀리미터의 초극단파를 발하고 있다는 것을 발견했습니다.

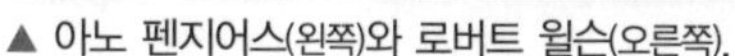
▲ 아노 펜지어스(왼쪽)와 로버트 윌슨(오른쪽).

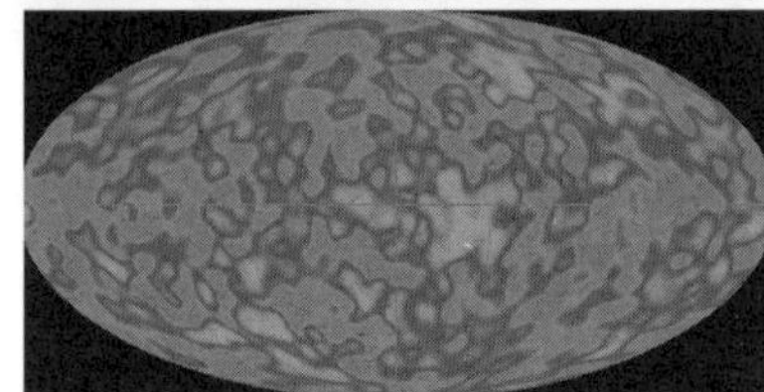
▲ 조지 스무트(위)와 우주배경복사(아래).

1990년대 NASA가 쏘아올린 인공위성 코비(COBE, 그림 참조)가 전파를 자세하게 관측하여 그 스펙트럼 분포를 정밀하게 측정했습니다. 이 연구의 대표자는 조지 스무트(George Fitzgerald Smoot III, 1945~)였습니다. 우주에서 오는 이 전파를 '우주배경복사'(Cosmic Backgroud Radiation)라고 합니다.

우주에서 오는 전파의 스펙트럼 분포는 지금까지 설명해 온 흑체복사였던 것입니다. 펜지어스와 윌슨은 이미 우주전파가 흑체복사였을 거라고 예상하고, 흑체의 절대온도는 약 3K라고 말한 바 있습니다.

COBE는 압도적인 정밀도로 스펙트럼을 측정하여 우주의 온도를

* 미국의 천체물리학자. 1964년 우주의 기원에 관한 빅뱅이론을 설명할 수 있는 3K의 우주배경복사(宇宙背景輻射)를 발견했다. 이 공로로 1978년 로버트 윌슨과 함께 노벨물리학상을 수상했다.
** 미국의 전파천문학자. 1964년 아노 펜지어스와 함께 3K의 우주배경복사를 발견, 1978년 노벨물리학상을 공동 수상했다.

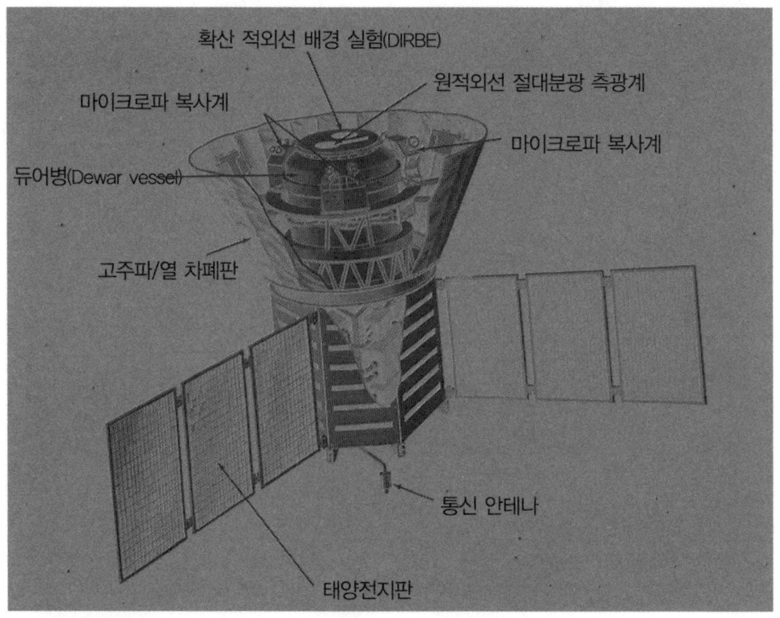

▲ 인공위성 COBE.
http://library01.gsfc.nasa.gov/gdprojs/images/cobe.jpg에서 인용.

2.725K라고 했습니다. 그 관측치의 데이터를 다음의 도표로 표시하겠습니다.(세로축은 의미가 약간 다르기 때문에 수치는 무시하세요. 또 세로축과 가로축은 로그눈금입니다. 여러 가지 관측 데이터를 집계하여 나타냈습니다. 점선이 이론식, 즉 플랑크의 식입니다.)

데이터를 띄엄띄엄한 점으로, 흑체복사의 이론 곡선(앞에서 나온 플랑크의 식)을 점선으로 표시했는데, 데이터 점과 이론 커브가 굉장한 정밀도

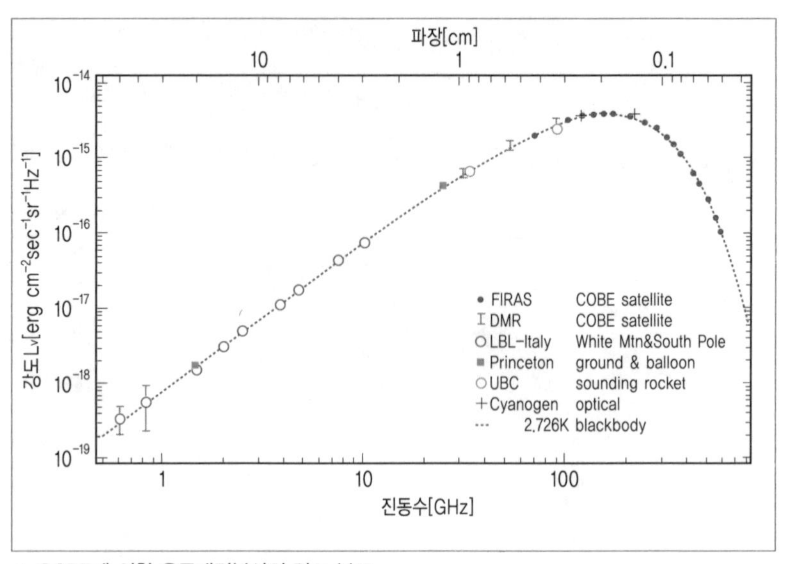

▲ COBE에 의한 우주배경복사의 강도 분포.
http://aether.lbl.gov/www/projects/cobe/CMB_intensity.gif에서 인용.

로 일치하고 있다는 사실을 알 수 있습니다. 이 데이터는 흑체복사의 스펙트럼이고, 최고의 정밀도를 가진 관측 데이터입니다. 우주의 관측 데이터가 지상의 관측보다 정밀도가 좋다는 점 등 무척 흥미롭습니다. 이 무렵부터 우주 관측이 정밀한 연구가 되었다고 하는 것도 이해가 가는 이야기입니다.

나사(NASA)는 코비(COBE)의 후계기(後繼機)로서 더블유맵(WMAP)*을

* Wilkinson Microwave Anisotropy Probe, 윌킨슨 극초단파 탐사선.

쏘아 올려 우주배경복사를 더욱 상세하게 연구했습니다. 2001년 더블유맵 그룹은 최초의 연구 결과를 발표했습니다. 그중에는 깜짝 놀랄 정도의 발견이 있었는데, 그 이야기는 다른 기회에 하겠습니다.

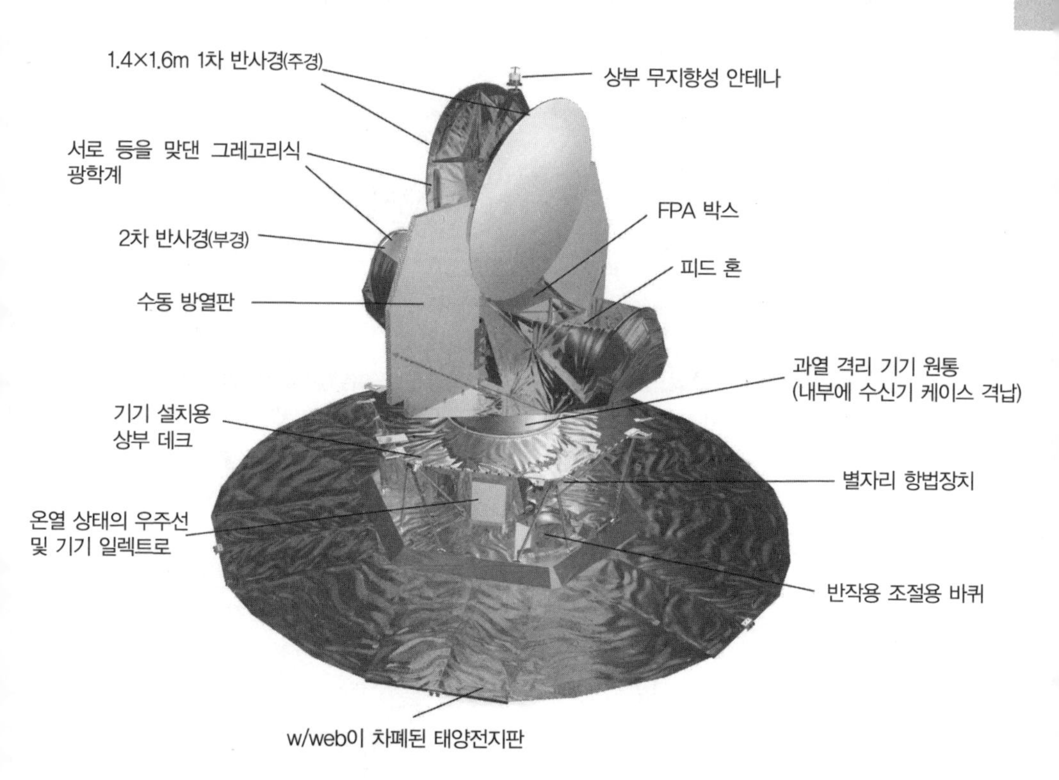

▲ WMAP 구조도. 840kg 정도의 중간 크기 탐사선. http://map.gsfc.nasa.gov/m_ig.html에서 인용.

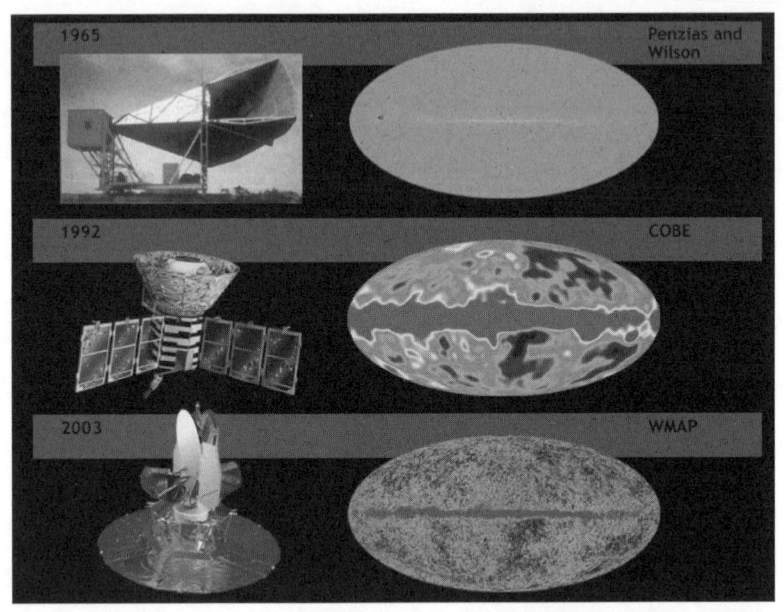

▲ 우주배경복사 관측의 발전 – 초기에 관측한 우주배경복사는 여전하지만 관측기술이 발전하면서 더욱 정밀해졌다.

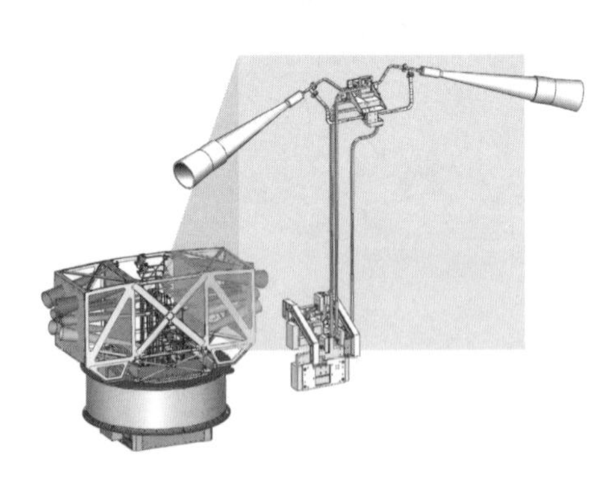

▲ WMAP의 데이터를 수집하는 리시버의 구조.

▲ 플랑크 위성 – 유럽항공국(ESA). 2009년 5월 발사.

빅뱅 후 30만 년쯤 된 우주는 온도가 수천 도 이상이나 되는 고온의 세계였습니다. 그러한 고온에서는 수소 원자는 원자로 있을 수 없고 전자와 양자로 분해되어버립니다. 우주의 가스는 이러한 전자와 양자가 고속으로 서로 반응하는 플라즈마(plasma) 상태에 있었습니다. 이 상태는 마치 도가니 안과 흡사하고 실제로 이때의 우주는 수천 도로 가열된 도가니의 내부 상태 그 자체였습니다. 도가니 내부와 마찬가지로 우주는 빛으로 가득 차있었습니다. 빛의 진동수 분포는 우주의 온도에 대응하는 도가니 내부와 같은 분포를 보여주고 있을 터입니다. 또한 빛이 충만해 있기 때문에 만약 여러분이 당시의 우주에 있었다고 해도 우주는 빛나고 있어서 먼 곳은 아무것도 보이지 않았을 것입니다.

우주는 급속하게 팽창하고 있고 그에 따라 우주의 온도도 내려갑니다. WMAP의 최신 연구 결과에 따르면, 빅뱅 이후 37만 9,000년이 되었을 때 우주의 온도는 약 3,000도로 내려가 그 시점에서 양자와 전자가 달라붙어 수소 원자가 되었습니다. 지금까지 주변에 있던 빛은 전자와 충돌하여 직진할 수 없었습니다만, 수소 원자의 등장으로 전자가 빛의 운동을 방해하지 않게 되고 또 빛은 수소 원자와 반응할 수 없기 때문에 도가니 상태는 여기서 끝나게 되었습니다. 이 빛은 우주를 자유롭게 달리기 시작합니다. 이 시점에서 먼 별에서 생겨난 빛은 직진할 수 있게 되기 때문에 빛이 직접 관측자(만약 있다고 한다면)에게 도달하게 되고, 별도 비로소 보이게 되었습니다. 우주물리학자는 이 시점을 '우주의 맑게 갬' 이라는 말로 표현합니다. 직진을 시작한 빛은 그대로 우주에 남게 되고 우주의 팽창과 함께 '적색이동'(red shift)에 의해 빛의 색은 적외선에서 극초단파로까지 내려가 현재에 이르렀습니다.

여기서 잠깐 적색이동을 설명해두기로 하지요. 아주 먼 옛날 우주의 어딘가에서 빛이 생겨났다고 합시다. 그것이 시간을 지나 지구에 도달해 망원경으로 관측됩니다. 우주의 팽창은 빛의 진동수를 작게 합니다. 생겨났을 때 빛의 진동수(f_0)를 현재 관측된 빛의 진동수(f)로 나눈 값을 생각합시다. 천문학자는 그렇게 나눈 값에서 1을 뺀 수를 '적색편이율'(z)이라고 합니다.

$$z = (f_0/f)-1$$

아주 가까이서 생겨난 빛에서는 우주 팽창을 무시할 수 있기 때문에 $z=0$이 됩니다. 옛날로 거슬러 올라가면 갈수록 z의 수치는 커집니다. 지구에서 관측할 수 있는 가장 먼 쪽 은하는 z가 6~7인 곳에 있습니다. 빅뱅 후 38만 년인 시점에서 z는 1,089가 됩니다.

일반상대성 이론으로 계산하면 $(z+1)$은 우주의 크기에 반비례한다는 걸 알 수 있습니다. 다시 말해 우주가 맑게 갰을 때 우주의 크기는 현재의 우주와 비교하면 1,090분의 1 크기밖에 안 되었던 것입니다.

이상의 것을 생각하면 WMAP의 관측 결과는 우주 개벽 후 38만 년의 세계가 확실히 존재했다는 것을 증명하고 있는 것입니다.

잠시 옆길로 샜습니다. 이야기를 정리해보겠습니다.

우주가 맑게 갠 시점에서 빛은 흑체복사의 스펙트럼을 갖고 있었습니다. 우주가 팽창하여 빛의 진동수가 적어져 결국 1,090분의 1 극초단파가 되었어도 흑체복사의 스펙트럼 분포는 유지되었습니다. 이 스펙트럼이 앞에서 소개한 관측 데이터입니다. 굉장한 정밀도의 흑체복사 스펙트럼입니다.

다시 말해 플랑크의 식이 훌륭한 정밀도로 관측 결과를 설명하고 있다는 사실을 알 수 있었습니다. 이 식에는 깊은 의미가 있음에 틀림없습니다.

(2007년 12월 7일)

❺ 플랑크의 식

지금까지 2.725K라는 극저온 흑체복사의 이론치와 관측치가 일치하지 않는다는 것과, 플랑크의 식이 흑체복사의 스펙트럼을 잘 설명한다는 것을 설명했습니다.

이번에는 플랑크의 식을 설명하겠습니다. 식이 다소 많습니다만 그 식들을 사용하지 않으면 설명을 할 수 없습니다. 어려운 식은 아니기 때문에 참아주시기 바랍니다.

막스 플랑크도 흑체복사를 어떻게든 이해하려고 노력하고 있었습니다. 1900년, 그는 레일리-진스의 식과 빈의 식을 하나의 식으로 나타내는 데 성공했습니다.

다시 한 번 레일리-진스의 식과 빈의 식을 써보겠습니다. 도가니 안의 에너지 밀도(빛의 강도)는 각각,

$(f^2/c^3) \cdot kT$

$(f^2/c^3) \cdot hf \cdot \exp(-hf/kT)$

에 비례하고 있다는 것입니다.

플랑크는 어쨌든 양쪽을 통일한 식을 생각했습니다. 그 답이,

$$(f^2/c^3) \cdot hf/(\exp(hf/kT)-1)$$

라는 것이었습니다. 빈의 식에 있는,

$\exp(-hf/kT)$

라는 항을,

$1/\exp(hf/kT)-1)$

이라는 분수로 했을 뿐입니다. 이것이 진정으로 레일리-진스의 식과 빈의 식에 일치할까요?

이 시리즈의 '❸ 2.725K의 도가니에서 나오는 전파, 흑체복사' 에서 레일리-진스의 식은 진동수가 작은 데서 관측과 일치한다고 말했습니다. 다시 말해,

$hf/kT \ll 1$

일 때입니다. 수학 공식에 상수 a가 0에 가까울 때,

$e^a \rightarrow 1+a$

가 있습니다. 앞에 있는 1/(exp(hf/kT)-1)이라는 식으로,

$a = hf/kT$

라고 생각해보겠습니다. 레일리-진스의 식이 성립한 것은 이 a가 충분히 작을 때입니다. 이때는,

$\exp(hf/kT) = e^{hf/kT}$

라는 것을 떠올리면 이 수학 공식이 사용되어,

$$1/(\exp(hf/kT)-1) = 1/(1+hf/kT-1)$$
$$= 1/(hf/kT) = kT/hf$$

가 됩니다. 아시겠습니까? 그러므로 플랑크의 식은,

$$(f^2/c^3) \cdot hf/(\exp(hf/kT)-1)$$
$$= (f^2/c^2) \cdot hf \cdot kT/hf$$

$=(f^2/c^3) \cdot kT$

가 되고, 이것이 레일리-진스의 식입니다.

다음으로 빈의 식은 주파수가 높은 곳에서 관측을 잘 설명할 수 있습니다. 다시 말해 이번에는,

$hf/kT \gg 1$

의 경우입니다. 또한,

$\exp(hf/kT) = e^{hf/kT}$

를 떠올리면 거듭제곱의 지수가 1보다 훨씬 크기 때문에,

$\exp(hf/kT) \gg 1$

입니다. 그러므로 위의 식에서 −1 항을 무시할 수 있어서,

$1/(\exp(hf/kT)-1) = 1/\exp(hf/kT)$

가 됩니다. 그리고 수학 공식에서,

$1/e^a = e^{-a}$

를 사용하겠습니다. 그리고 a=hf/kT를 취하면 플랑크의 식은,

$(f^2/c^3) \cdot hf/(\exp(hf/kT)-1)$

$= (f^2/c^3) \cdot hf \cdot \exp(-hf/kT)$

가 됩니다. 이 식은 빈의 식 그 자체입니다.

이처럼 플랑크의 식은 진동수가 굉장히 작았을 때와 굉장히 컸을 때의 극단적인 경우 레일리-진스의 식과 빈의 식이 된다는 것을 알 수 있었습니다.

에너지 밀도의 비례상수는 세 가지 식에서 같은 수치를 취하면 흔히 8π라는 수치가 됩니다. 'π는 3.14…' 라는 수치를 가지는 원주율입니다.

과학은 단지 수식이 관측에 맞는 것만 가지고는 안 됩니다. 물리학자가 흔히 말하는 대사입니다만 '이 식의 의미는 무엇인가', '물리적으로 이 식을 설명할 수 있는가' 라는 것이 문제가 됩니다.

다시 말해 식은 뭔가 실제로 일어나고 있는 것을 이미지화하지 않으면 안 됩니다. 플랑크는 머리를 쥐어짜며 식이 의미하는 바를 생각하고 결국 혁명적인 아이디어, '빛은 알갱이' 라는 생각에 이르렀습니다. 알갱이라는 것을 어려운 말로 '양자'(quantum)라고 합니다.

다음에는 플랑크의 생각을 보다 자세히 설명하겠습니다.

(2007년 12월 9일)

❻ 플랑크의 식이 의미하는 것

도가니 내부의 빛에 관해 플랑크는 진동수가 극단적으로 적은 경우나

▲ 막스 플랑크(왼쪽). 아인슈타인과 함께 찍은 사진(오른쪽). 플랑크는 아마추어 과학자에 불과하던 아인슈타인을 발굴한 사람이기도 하다.

많은 경우에 각각 레일리-진스의 식과 빈의 식으로 돌아가도록, 그리고 실제 관측에 맞도록 궁리하여 식을 구했습니다.

저는 앞서, "과학은 단지 수식이 관측에 맞는 것만 가지고는 안 됩니다. 물리학자가 흔히 말하는 대사입니다만, '이 식의 의미는 무엇인가' '물리적으로 이 식을 설명할 수 있는가' 라는 것이 문제가 됩니다. 다시 말해 식은 뭔가 실제로 일어나고 있는 것을 이미지화하지 않으면 안 됩니다"라고 강조한 바 있습니다. 이번에는 한 부분에 대해 설명하겠습니다.

그리고 또 한 가지, 이 시리즈의 첫 부분에서 의문으로 남겨두었던 부분, " 'kT' 는 한 분자의 운동을 나타내는 에너지였습니다. 상수 h와 빛의 진동수 f를 곱한 hf는 빛의 에너지인데, 빛은 파동이므로 공간으로 퍼져 나갑니다. 분자처럼 하나하나로 분할될 수도 없을 것입니다. 그렇다면 분자에 대응하는 빛의 에너지 hf에는 어떤 의미가 있을까요?" 에 대한 답도 생각해야만 합니다.

그 전에 한 가지 설명해야 할 것이 있습니다. 19세기 말까지 열과학은 수많은 과학자에 의해 확립되었습니다. 물체를 가열하면 물체를 형성하고 있는 분자의 운동 에너지가 커집니다. 절대온도는 그 분자의 운동 에너지를 나타내는 것이라는 게 그 기본입니다. E = kT라는 식이 그것인데, 에너지와 절대온도의 비례관계를 나타냈습니다.

여기서 좀 더 설명이 필요할 것입니다. 뜨거운 물체 내부의 분자는 그 모든 것이 kT라는 운동에너지를 갖고 있는 것은 아닙니다. kT는 분자의 운동에너지의 평균치입니다.(실제는 그 1.5배. 이 정도의 차이는 무시합시다.) 실제의 분자는 여러 가지 운동에너지를 갖고 진동하고 있습니다. 다시 말해 분자의 운동에너지는 평균치 kT 주변에 어떤 분포를 갖고 있습니다. 여기서는 그 분포를 설명하겠습니다.

물체의 절대온도를 T, 분자의 운동에너지를 E라고 합시다. 그러면 분자의 운동에너지의 분포는,

$\exp(-E/kT)$

에 비례합니다. 이 식으로 나타나는 분포를 발명자의 이름을 따서 '맥스웰 분포'라고 합니다. 그렇다면 플랑크의 식으로 돌아가겠습니다. 플랑크의 식은,

$$(f^2/c^3) \cdot hf/(\exp(hf/kT)-1)$$

이었습니다. 이것만으로는 식의 의미를 잘 알 수 없습니다. 한 가지 속임수를 사용하겠습니다. 수학 공식,

$$\frac{1}{1-a} = 1+a+a^2+a^3+\cdots$$

를 기억하고 있나요? 플랑크의 식에 이 공식을 적용합니다.

$$a = \exp(-hf/kT)$$

를 취하면 플랑크의 식은,

$$hf \cdot \frac{f^2}{c^3} \cdot \frac{1}{e^{hf/kT}-1} = hf \cdot \frac{f^2}{c^3} \cdot \frac{1}{e^{hf/kT}(1-e^{-hf/kT})}$$
$$= hf \cdot \frac{f^2}{c^3} \cdot (e^{-hf/kT}+e^{-2hf/kT}+e^{-3hf/kT}+\cdots)$$

이 됩니다. 수학에 흥미가 있는 분은 확인해보세요.

이 식에서 hf는 빛의 에너지에 해당합니다만 의미를 잘 알 수 없었습니다. 이 전개식 중에서 앞에서 든 맥스웰 분포의 식을 참고로 하고 전개식 각 항의 지수에 주목합시다. 그리고 hf가 빛이 있는 기본 에너지를 나타낸다고 합시다. 제1항은 기본 에너지의 분포를 나타내고 제2항은 2배의 기본 에너지의 분포, 제3항은 3배의 기본 에너지의 분포를 나타냅니다. 이하 배수가 쭉 계속됩니다.

여기서 사고를 전환하지 않으면 안 됩니다. 빛은 파동입니다. 그러나 앞의 전개식을 보는 한 흑체복사의 빛으로 진동수 f를 가진 빛은 hf의 기본 에너지를 가진 디지털한 집합체가 아니면 안 된다고 플랑크는 간파했습니다.

다시 말해 어떤 진동수에 착목하면 빛은 기본 에너지 hf를 1입자로 하고, 도가니 안에 빛의 입자가 1개 있는 상태, 2개 있는 상태, 3개 있는 상태 …… 를 모두 생각하여, n개의 빛의 입자가 존재하는 상태의 확률은 n배의 기본 에너지에 대응하는 맥스웰 분포로 주어진다는 것입니다.

즉, 분자와 마찬가지로,

"빛은 입자다!"

라고 주장한 것입니다.

잠깐, 그 앞에 있는 계수,

$hf \cdot (f^2/c^3)$

는 그대로 좋은가, 하는 의문이 생길 겁니다. 사실 그렇습니다. 제 생각으로는 n개의 빛에 상당하는 각 항에 대해 이 식은,

$n \cdot hf \cdot (f^2/c^3)/n$

이어야 합니다. 제1항은 n개의 빛의 전체 에너지, 나머지 항은 도가니 내부 상태의 수를 나타냅니다. 상태의 수는 빛의 개수 n에 반비례로 줄어든다는 것입니다.(저는 이것을 증명하지는 않았지만 아마 맞을 겁니다.) 교묘하게도 분자와 분모에 n이 있으므로 결국 n에 의존하지 않은 계수가

되는 것입니다.

'양자' (quantum)는 기본 에너지를 가진 입자의 상태라서 붙여진 이름입니다. 빛의 입자는 '광양자' 또는 '광자' 라고 불립니다.

분자와 광자는 굉장히 다르다는 데에 주의해 주세요. 온도를 올릴 때 도가니나 물체 안에 있는 분자의 수는 물론 변하지 않습니다. 그러나 빛의 수, 광자의 수는 늘어납니다. 다시 말해 광자는 만들어지거나 흡수되거나 하며 그 개수는 도가니나 물체의 열 상태에 따라 금세 변합니다.

상수 h는 '플랑크 상수' (Planck's constant)*라 불리고, 광속이나 만유인력 상수와 같은 정도로 기본적인 양입니다. h의 수치는 정확히 측정되어 있는데,

$$h = 6.626 \times 10^{-34} \text{줄} \cdot \text{초}$$
$$= 4.136 \times 10^{-15} \text{전자볼트} \cdot \text{초}$$

입니다. 전자볼트는 원자나 분자 1개의 에너지를 논할 때 편리한 단위입니다.(1.602 $\times 10^{-19}$줄)

(2007년 12월 10일)

---

* 1900년에 플랑크가 전개한 물리학 이론. 당시 해결하지 못하고 있던 발광하는 물체와 빛의 관계에 대하여 물질계의 상태를 나타내는 물리량이 불연속적으로밖에 변화하지 않는다는 새로운 이론에서 처음으로 이 용어를 사용했다. 그 뒤 양자론이 발전함에 따라 원자나 분자 등 매우 작은 대상을 이론적으로 다룰 경우 이 이론이 근본적으로 중요한 의미를 지닌다는 사실이 밝혀졌다.

❼ 광전 효과, 아인슈타인, 밀리컨

1900년 막스 플랑크는, 빛이 알갱이라는 광양자(광자)설을 발표했습니다. 오랫동안 빛은 파동이라고 생각되어왔기 때문에 대부분의 과학자는 광양자설을 인정하려고 하지 않았습니다. 광양자설이 확립되기 위해서는 그 설을 지지하는 더 새로운 현상을 발견할 필요가 있었습니다. 다시 말해 세상 사람들이 혁명적인 아이디어를 인정하기 위해서는 더 많은 관측 사실들이 필요했던 것입니다. 이것은 오늘날에도 변하지 않았습니다.

빛을 금속판에 부딪치면 전자가 튀어나옵니다. 이 현상을 광전효과라고 하는데 1887년에 하인리히 헤르츠(Heinrich Rudolf Hertz, 1857~1894)*

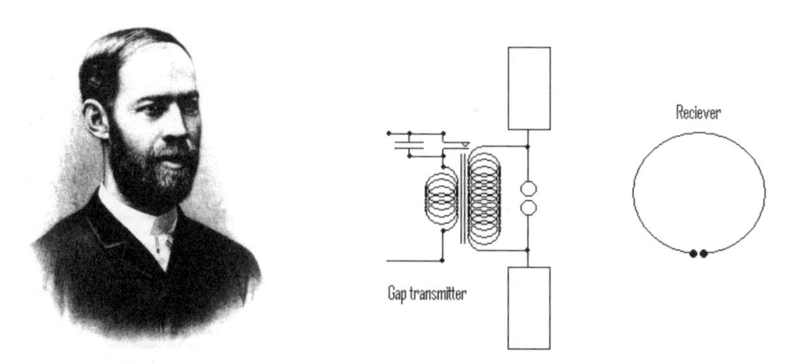

▲ 하인리히 헤르츠(왼쪽)와 1887년에 실험한 점화 간극 송신기, 수신기 장치도(오른쪽).

* 독일의 물리학자. 헤르츠의 공명자를 이용하여 전자기파의 존재를 확인했으며, 포물면거울을 사용하여 맥스웰 이론의 정확성을 입증했다. 이론적 연구로 움직이는 물체의 전기역학에 관한 연구와 역학의 기초 원리에 관한 고찰 등이 있다.

가 발견했습니다. 1900년 무렵에는 광전효과에 대한 연구에서 몇 가지 기묘한 효과가 발견되었습니다.

① 빛의 '색'이 빨갛게 되면(진동수가 적어지면) 전자가 나오지 않게 된다.
② 빛의 '세기'를 높여가면 튀어나오는 전자 수가 증가한다.
③ 빛의 세기를 높여도 튀어나오는 전자의 운동 에너지는 변하지 않는다.
④ 빛의 색을 파랗게 만들어 가면 튀어나오는 전자의 운동 에너지가 커진다.

빛의 색은 그 진동수와 관련되고, 빛의 세기는 그 밝기와 관련된다는 사실에 주의해야 합니다.

이 현상은 빛을 파동이라고 생각하면 잘 설명되지 않습니다. 앞에서도 잠깐 말했습니다만, 빛을 파동이라고 생각하면 빛의 에너지는 빛의 파동이 보이는 진폭(밝음)에 관련되고 진동수에는 관련되지 않습니다. 그러므로 빛의 밝기를 세게 해나가면 거기서 나오는 전자의 운동 에너지도 커지지 않으면 안 되는 것이고, 빛의 색에 의해 전자의 운동 에너지는 변하지 않을 터입니다. 이처럼 광전효과는 수수께끼가 많은 현상이었습니다. 다음 그림이 광전효과를 보여주는 모식도(模式圖)입니다.

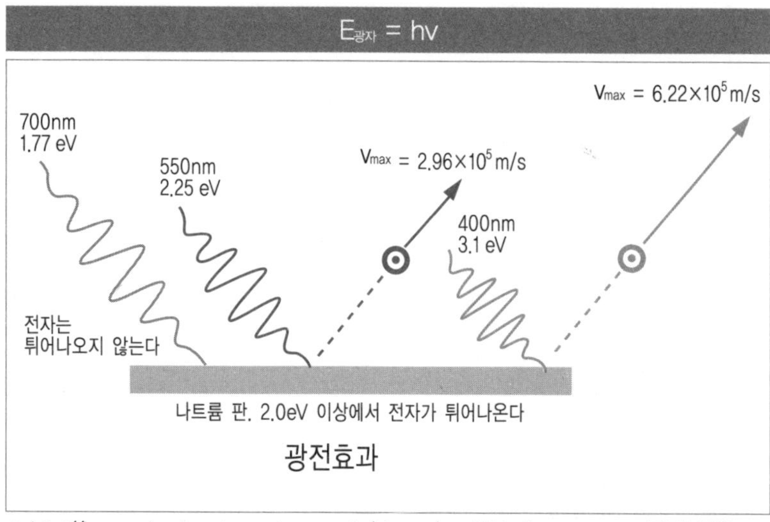

▲ http://hyperphysics.phy-astr.gsu.edu/hbase/mod1.html(Hyper Physics)에서 인용.

그러면 모식도를 설명하겠습니다. 그림 아래에 있는 회색 부분은 나트륨 판을 나타냅니다. 그림 중앙에 있는 파동은 나트륨 판에 입사하는 빛입니다. 왼쪽 파동부터 설명하겠습니다.

① 파장이 700나노미터(nm, 10억분의 1미터)의 빨간 빛이 판에 닿아도 전자는 튀어나오지 않는다.

② 파장이 550나노미터의 녹색 빛을 부딪치면 속도가 매초 29.6만 미터의 전자가 튀어나온다.

③ 파장이 400나노미터의 보라색 빛을 부딪치면 나오는 전자의 속도

는 매초 62.2만 미터로 증가한다.

▲ 로버트 밀리컨.

그런데 여기서 등장하는 사람이 알베르트 아인슈타인입니다. 1905년 스물여섯의 아인슈타인은 플랑크의 광자설을 이용하면 광전효과를 간단히 설명할 수 있다는 사실을 보여주었습니다.

그는 나트륨 판의 광전효과를 상세하게 조사했는데, 광자의 진동수가 약 460테라헤르츠 이하이면 전자가 나오지 않았습니다. 이 진동수에 빠듯한 에너지를 W라고 합시다. 아인슈타인은 튀어나오는 전자의 운동에너지(T)는 입사하는 광자의 에너지에서 이 W를 뺀 것, 즉 식으로 하자면,

$$T = hf - W$$

라고 예상했습니다. f는 물론 입사하는 빛의 진동수, h는 플랑크 상수입니다.

미국 물리학계의 중진인 로버트 밀리컨(Robert Andrews Millikan, 1868~1953)*은 아인슈타인의 이론을 믿지 않았고, 그 이론의 잘못을 밝히

* 미국의 물리학자로 밀리컨의 기름방울 실험을 고안하여 전자의 기본전하량을 측정하고 광전효과에 관한 정량적 연구에서는 플랑크 상수의 값을 구했다. 이 기본전하량 및 광전효과에 대한 연구로 1923년 노벨물리학상을 받았다.

밀리컨의 실험 결과(1916년)

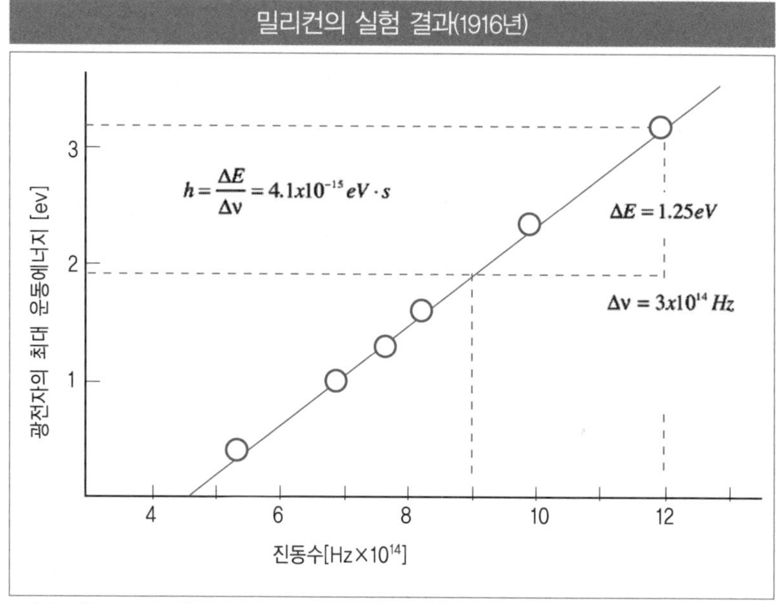

▲ http://hyperphysics.phy-astr.gsu.edu/hbase/mod2.html(Hyper Physics)에서 인용.

기 위해 광전효과의 정밀한 실험을 거듭했습니다. 다음 그림은 1916년의 실험 결과입니다. 나트륨 판을 사용해 여러 진동수의 빛을 부딪쳐 실험했습니다. 그림 중의 동그라미가 데이터, 가로축은 빛의 진동수, 세로축은 튀어나오는 전자의 (최대) 운동에너지를 나타냅니다. 진동수의 단위는 100테라헤르츠(10^{14}헤르츠)입니다. 운동에너지의 단위는 전자볼트입니다.

데이터는 훌륭하게 직선 위에 있습니다. h는 직선의 기울기이므로,

h = 직선의 기울기 = 4.1×10^{-15}전자볼트 · 초

가 나오고 내친김에 플랑크 상수도 구할 수 있습니다. 이 수치는 도가니 내부의 빛(흑체복사)의 관측으로부터 구한 수치와 정확히 일치합니다.

다시 말해 완전히 다른 현상인데도 같은 의미를 가지는 수치가 양쪽의 관측에서 일치한다는 것은 그 근거가 되는 이론이 옳다는 것을 보여주는 것입니다.

도표를 다시 한 번 보겠습니다. 직선은 약 460테라헤르츠로 가로축을 가로지르고 있습니다. 즉, 아인슈타인의 식으로 h = 4.136×10^{-15}(전자볼트 · 초)를 사용하면,

W = h · (460테라헤르츠) = 1.9전자볼트

로 W를 구할 수 있습니다.

1916년 밀리컨은 실험 결과를 발표했습니다. 그 결과는 결코 아인슈타인의 이론을 깨는 것이 아니라 오히려 그 이론을 훌륭하게 증명하는 것이었습니다. 그래도 밀리컨은 아인슈타인의 이론을 믿지 않았다고 합니다.

물리학은 오류가 없도록 그 올바름을 확인하면서 나아갑니다. 혁명적인 아이디어는 왕왕 잘못된 이론이나 관찰에 근거하는 일이 많기 때문에 과학자는 그것을 인정하는 데에 무척 신중하게 됩니다. 그 때문에 혁명

▲ 20세기 빛의 과학의 세 거장 – 앞줄 왼쪽부터 마이켈슨, 아인슈타인, 밀리컨.

적인 아이디어가 침투하는 데는 긴 시간, 때로는 수십 년의 세월이 걸리기도 합니다. 광전효과도 그 한 예입니다.

1921년 아인슈타인은 광전효과의 이론적 업적으로 노벨물리학상을 수상했습니다. 2년 후인 1923년 밀리컨은 전기량의 최소 단위(즉 전자의 전기량)의 측정과 광전효과를 측정한 업적으로 노벨물리학상을 수상했습니다.

덧붙여 말하자면 밀리컨은 미국인으로서 두 번째 노벨물리학상 수상자입니다. 최초의 미국인 수상자는 빛의 속도의 불변성을 측정한 알버트 마이켈슨(Albert Abraham Michelson, 1852~1931)*이었습니다.

(2007년 12월 11일)

● 번외 편 : 19세기말 과학의 어려움 – 빛의 과학

지금까지 19세기 말의 과학자들을 괴롭힌 빛의 현상, 도가니의 온도와 그 안에서 보이는 빛의 색과의 관계를 설명했습니다. 세기가 바뀌기 직전인 1900년 막스 플랑크 박사는 양자라는 새로운 사고를 도입하여 온도와 색의 관계를 훌륭하게 설명했습니다. 양자라고 하는 새로운 개념은 완전히 새로운 과학을 낳아 20세기 과학기술 발전의 기초가 되었습니다.

그런데, 사실 19세기 말 빛에는 또 하나의 커다란 수수께끼가 있었습니다. 이번에는 이것을 설명하기로 하겠습니다.

파동이라는 것에는, 이 파동을 전하는 무엇이 있는데 그것의 떨리는 상태가 공간으로 전달되어가는 것이라고 할 수 있습니다. 파동을 전하는 것을 어려운 말로 '매질'(媒質)이라고 하는데, 다름 아닌 공기가 소리를 전하는 매질이라는 것은 잘 알려져 있습니다.

* 폴란드계 미국인 물리학자. 빛의 속도와 에테르에 관한 업적을 남겼으며 1907년 광학에 대한 연구 업적으로 노벨 물리학상을 수상했다. 이는 미국인이 과학 부분에서 노벨상을 수상한 첫 번째 사례였다.

19세기에는 빛도 파동의 하나라는 확실한 관측 사실이 있었습니다. 그렇다면 빛에도 매질이 있음에 틀림없습니다. 여기에다 '에테르' 라는 이름도 붙어 있었습니다. 과학자라는 인종은 뭔가가 있다는 말을 들으면 그것을 관측하고 싶은 강렬한 욕구를 가지기 때문에 수많은 과학자가 에테르 자체의 관측에 도전했습니다. 그러나 빛의 스피드가 빠르기 때문에 관측 기술이 따라가지 못하고 에테르가 있다라는 결론도, 반대의 결론도 낼 수가 없었습니다.

미국의 과학자 알버트 마이켈슨 박사와 에드워드 몰리(Edward Williams Morley, 1838~1923)* 박사는 빛의 간섭이라는 현상에서 세계 최고의 관측 기술을 가지고 있었습니다. 두 사람은 1880년대에 가능한 한 감도를 높인 간섭계를 만들어, 만약 에테르가 있다면 반드시 발견될 것이라고 확신하고 관측에 돌입했습니다.

관측의 원리는 간단합니다. 소리를 전하는 공기를 생각해봅시다. 만약 강한 바람이 불고 있다면 그곳으로 전해지는 소리의 속도는 바람의 영향을 받아 빨라지거나 느려집니다. 다시 말해 바람의 유무에 따라 음속이 빨라지거나 늦어지는데, 그 음속의 변동을 측정하면 바람의 속도나 그 방향까지 알 수 있습니다.

---

* 미국의 화학자 · 물리학자. 마이켈슨–몰리의 실험은 아인슈타인의 상대성이론을 위한 중요한 밑거름이 되었다. 화학에서는 대기 중의 산소함유량, 물을 구성하는 수소 · 산소의 중량비 실측 등의 연구, 열에 의한 기체 팽창 연구 등이 있다.

▲ 알버트 마이켈슨(왼쪽), 에드워드 몰리(오른쪽).

빛은 태양에서도, 먼 은하에서도 오기 때문에 에테르는 태양계는 말할 것도 없고 우주 전체에 퍼져나가고 있을 겁니다. 그리고 지구는 이 광대한 에테르 안을 공전이나 자전을 하며 움직이고 있을 것입니다.

지상에서 정밀하게 광속을 측정하면 광속은 지구 공전의 영향을 받으며 계절에 따라 아주 살짝 다를 것입니다.(광속은 매초 30만 킬로미터, 지구의 공전 속도와 적도상 자전 속도는 각각 매초 30킬로미터와 매초 0.47킬로미터. 자전 속도는 광속이나 공전 속도에 비해 훨씬 낮다.) 마이켈슨-몰리의 광간섭계는 이 공전의 영향을 능히 관측할 수 있는 뛰어난 장치였습니다.

1887년 두 사람은 관측 결과를 발표했습니다.

"광속은 공전의 영향을 받지 않고 같은 수치다."

이것을 좀 더 어렵게 말하자면,

● 빛은 파동인데도 파동을 전하는 매질이 없다.

● 광속은 빛을 내는 광원이나 빛을 받는 장치가 움직이고 있어도, 즉 광속을 어떻게 측정해도 항상 같은 수치가 나온다.

아인슈타인 박사는 광속이 일정하다는 것을 기본적인 법칙으로 파악하고 새로운 과학인 '특수상대성이론'을 확립했습니다.

이 이론은 양자역학과 함께 20세기 과학기술에 커다란 영향을 미쳤습니다. $E = mc^2$이라는 식을 알고 있을 겁니다. 이 식은 특수상대성이론에서 도출될 수 있습니다. 원자력 에너지나 태양 에너지, 그리고 모든 에너지는 이 식으로 설명할 수 있습니다.

또한 고속으로 움직이고 있는, 예를 들어 인공위성 안에서는 시계가 천천히 간다는 유명한 현상이 있습니다. 시계가 느리게 가는 이 현상도 관측으로 정밀하게 확인되었습니다.

여러분은 자동차 내비게이션을 알고 있을 겁니다. 이 시스템은 약 1만 1천 마일 상공을 12시간에 일주하는 24개의 GPS*위성(6궤도면에 4개씩 배치), 추적과 관리를 하는 GPS위성의 관제국, 위치 추적을 하기 위한 이

* 위성항법장치(衛星航法裝置, global positioning system).

용자의 수신기로 구성되어 있습니다. 자동차 내비게이션은 굉장히 빠른 속도로 움직이고 있는 GPS위성에 탑재된 시계가 기준이 되고 있습니다. 특수상대성이론에 의하면 이 시계는 하루에 100만 분의 1초가 늦어질 것입니다. 시계가 이렇게 늦어지는 것을 내버려두면 자동차 내비게이션의 위치에 1.6킬로미터의 오차가 발생한다고 합니다! 당연히 특수상대성이론을 이용하여 시간이 늦어지는 것을 보정하지 않으면 자동차 내비게이션은 제대로 기능할 수 없습니다.

특수상대성이론이라는 난해한 이름의 과학도, 사실 실생활에서 빼놓을 수 없는 과학이 되었습니다.

(「창조성 육성 학교 HP」에서. 2008년 5월 19일)

❽ 콤프턴 산란과 X선도 입자

오랫동안 빛이 파동이라고 생각되어 왔기 때문에, 플랑크가 빛의 양자설을 발표했음에도 불구하고 대부분의 과학자들은 이를 인정하려고 하지 않았습니다.

광양자(광자)설이 확립되기 위해서는 그 설을 지지하는 새로운 현상을 찾아낼 필요가 있었습니다. 다시 말해 세상 사람들이 이 혁명적인 아이디어를 인정하기 위해서는 많은 관측 사실들이 필요했던 것입니다. 이것은 오늘날에도 변함이 없습니다.

도가니 내부의 빛 현상과 광전 효과는 광양자설이 옳다는 것을 증명해주었습니다. 여기에 덧붙여 또 한 가지의 현상이 광양자설을 증명해주었습니다. 그것이 이번에 이야기할 '콤프턴 산란'이라 불리는 현상입니다.

▲ 『타임』지 표지에 나온 아서 콤프턴.

콤프턴이라는 것은 미국의 물리학자 아서 콤프턴(Arthur Holly Compton, 1892~1962)* 박사의 이름에서 유래합니다. 콤프턴은 1892년에 태어났으므로 플랑크가 광양자설을 발표했을 때는 아직 여덟 살에 불과했습니다. 콤프턴이 활약한 것은 1920년대 전반이므로 플랑크로부터 20년 뒤, 여전히 광양자에 대한 연구가 활발하게 이루어지는 과정에 있었습니다.

콤프턴이 주목한 것은 파장이 굉장히 짧은(진동수가 굉장히 높은) 전자파인 X선입니다. 물질의 결정을 사용한 정밀한 분광계가 개발되어 X선의 진동수나 파장도 정밀하게 측정할 수 있게 된 상황이었습니다.

* 미국의 실험물리학자. '콤프턴 효과'를 발견하고 복사의 입자성을 시사하는 실험 사실을 제시하는 등의 연구를 했으며, 우주선의 지리적 변화를 전 세계적으로 조사하여 위도 효과가 지구 자기장과 관련되어 있음을 밝혔다.

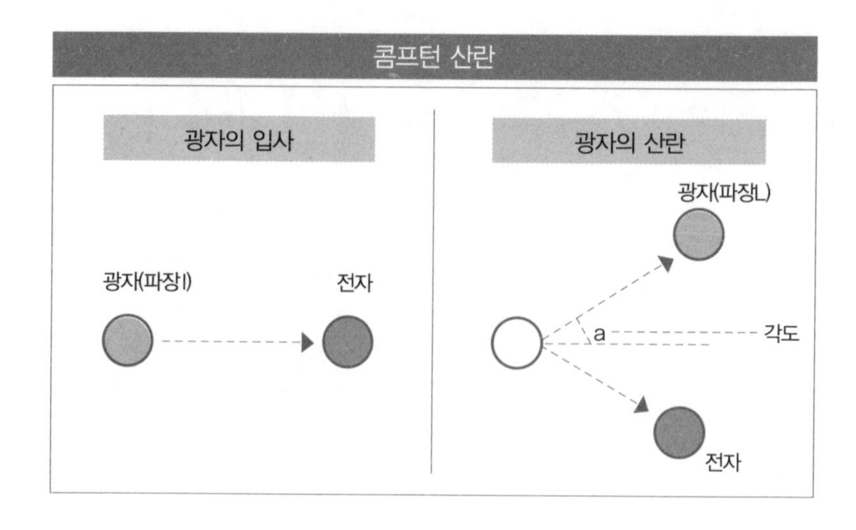

만약 빛이 분자처럼 알갱이인 광자로 불릴 수 있는 입자라면 광자 하나하나를 끄집어내 표적에 부딪쳐보면 어떻게 될까요? 표적은 부서져 날아가기 쉽도록 가벼운 것이 좋을 것입니다. 가장 좋은 것은 물질 중에 많이 있는 전자가 좋습니다. 광자의 진동수 또는 에너지(E=hf를 떠올리세요)가 높으면 부딪힌 전자는 멀리까지 부서져 날아갈 것입니다. 앞에서 광자와 전자가 부딪치는 것을 모형도로 나타냈습니다.

고등학교 이과에서 에너지 · 운동량 보존의 법칙이라는 말을 들은 적이 있을 겁니다. 그림과 같은 충돌 반응을 분석하기 위해서는 에너지 · 운동량 보존의 법칙을 사용합니다. 그러나 빛의 에너지는 hf였습니다만 아직 운동량은 설명하지 않았습니다. 아인슈타인의 상대성이론을 사용

하면 빛의 운동량은,

hf/c

가 됩니다. 여기서 h는 플랑크 상수, f는 X선의 진동수, c는 광속입니다.

▲ 워싱턴 대학 학장을 역임한 아서 콤프턴 기념 동판.

콤프턴은 1923년의 논문에서 X선(광자)과 전자의 충돌을 계산하고 논문의 속편에서 실제로 실험을 하여 발표했습니다.

중요한 점은 이렇습니다. X선이 광자로서 전자를 튕겨서 날려 보냈다고 합시다. 전자는 운동 에너지를 받기 때문에 X선의 에너지는 그 양만큼 줄 것입니다. X선의 에너지는 hf이므로 X선의 에너지가 줄면 그 진동수 f는 적어지게 됩니다. 진동수가 줄어드는 방식은 X선이 튕겨서 날아가는 각도에 따라 달라질 것입니다. 또한 파장은 c/f이므로 튕겨 날아간 X선의 파장은 길어질 것입니다.

콤프턴의 식은 간단하기 때문에 적어보겠습니다. 입사하는 X선의 파장을 l, 튕겨 날아간 X선의 파장을 L, 튕겨 날아가는 각도를 a라고 하면,

$$L-l=\frac{h}{mc}(1-\cos a)$$

$$\frac{h}{mc}=0.242\,\text{nm}$$

▲ 니시나 요시오.

이 됩니다. 여기서 m은 전자의 질량입니다. 입사하는 X선의 몇 퍼센트가 산란되는지도 알고 싶은데, 이 식은 일본의 니시나 요시오(仁科芳雄, 1890~1951)* 박사와 독일의 오스카 클라인(Oskar Klein, 1894-1977) 박사가 1929년에 구했습니다. 니시나 박사는 유학을 가서 당시 덴마크의 위대한 과학자이며 양자역학의 창시자인 닐스 보어(Niels Henrik David Bohr, 1885~1962)** 박사 밑에서 공부했습니다. 니시나 박사는 당시 39세였습니다.

콤프턴은 실험을 위해 몰리브덴*** 전극을 사용한 강력한 X선관을 스

* 일본의 물리학자. 일본에 양자역학의 거점을 만드는 데 진력하고 우주선(宇宙線) 관계, 가속기 관계의 연구로 업적을 쌓았다. 유카와 히데키, 도모나가 신이치로(朝永振一郎, 1906~1979) 등 나중에 노벨상을 수상하게 되는 제자들을 길러내 일본 현대물리학의 아버지로 불린다.

** 덴마크의 물리학자. 보어의 원자 이론을 통해 고전론과 양자론이 결합되었고, 전기(前期) 양자론 연구의 계기가 되어 나중에 양자역학으로 발전했다. 또한 원자핵에 대해 연구하여 핵반응을 설명하는 액적모형(液滴模型)을 제출, 중발이론으로서 핵반응론의 출발점이 되었다. 1922년 원자구조론에 대한 연구 업적으로 노벨물리학상을 받았다. 제2차 세계대전 중 영국과 미국으로 건너가 맨해튼계획에도 참가했고, 전후에는 코펜하겐으로 돌아갔다. 원자력의 평화적 이용과 원자무기의 발달로 생긴 정치 문제에 관심을 가졌으며, 이들 문제의 연구를 공개하도록 주장하며 국제연합에 공개장을 보내는 등(1950) 정치적 행동도 취했다.

*** 크롬족에 속하는 전이 원소의 하나. 원자 기호는 Mo, 원자 번호는 42, 원자량은 95.94.

스로 만들었습니다. X선관에 의해 몰리브덴의 K알파선이라고 하는 파장 7.11나노미터의 X선을 발생시킵니다. 이 X선을 탄소판에 부딪쳐 45도, 90도, 135도 각도로 되튀어오는 X선의 파장을 정밀하게 측정합니다. 탄소 안에는 많은 전자가 있기 때문에 X선의 일부에는 전자가 튀어 날아가 파장이 커진 것도 섞여 있을 것입니다.

▲ 닐스 보어.

좀 전문적인 이야기입니다만, 콤프턴의 논문에서 데이터를 보여드리겠습니다. 당시 실험의 한가함이 전해질 겁니다.(일반 사람들은 이해하기 힘들까요?) 그림이 좀 지저분하지만 참고 봐주세요. 그림에서 띄엄띄엄 있는 것이 관측한 데이터입니다. 가로축은 파장을 나타냅니다.(단위는 분광계의 각도인데 그냥 무시하세요.) 네 개의 그림으로 구성되어 있는데 그림 A는 입사 X선의 파장 분포입니다. 그림 B, C, D는 각 산란각 a가 45도, 90도, 135도일 때의 데이터입니다. 그림 안의 선은 데이터를 이어 덧그린 선으로, 별다른 의미는 없습니다.(오늘날에는 이런 선을 긋지 않습니다.)

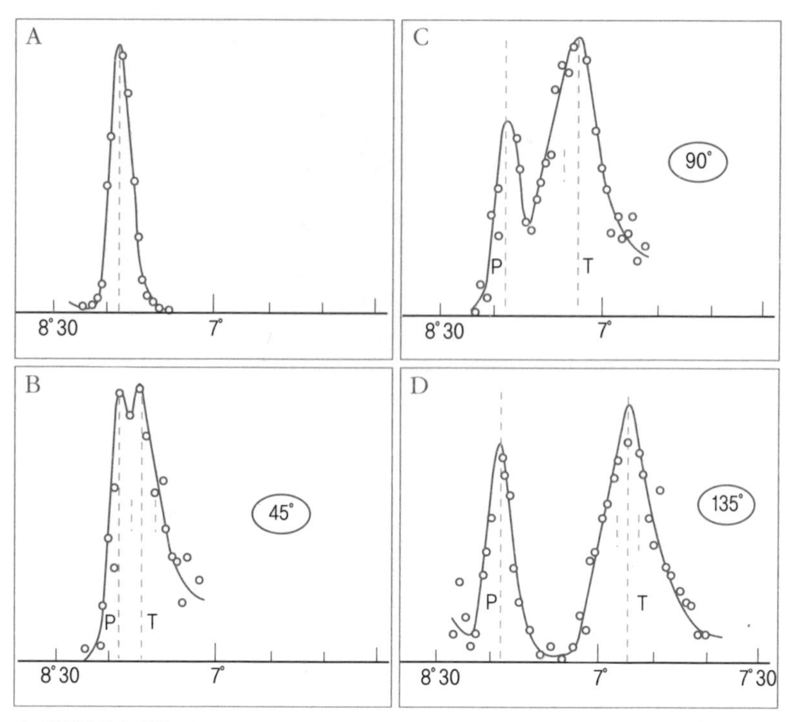

▲ 콤프턴의 논문("A Quantum Theory of the Scattering of X-rays by Light Elements" Physical Review 21, 483~502, 1923)에서.

그림에 두 개의 세로선 P, T가 그어져 있습니다. 왼쪽의 세로선 P는 입사 X선의 정점이고 오른쪽의 세로선 T는 파장이 길어진 산란 X선의 정점입니다. 그림의 데이터와 세로선 T를 보면 분명히 산란각이 커짐에 따라 파장이 길어져 있습니다.

이 논문에서는 가로축의 수치를 파장으로 환산하여 앞에서 나온 콤프턴의 식과 비교한 결과는 나와 있지 않고, 다만 "파장이 산란각과 함께 길어지는 정도는 이론이 예상하는 것처럼 되어 있다"라고만 쓰여 있습니다. 어쨌든 예상대로 파장이 길어진 X선이 튀어나오는 것은 확인되었습니다.(실험의 첫 번째 보고라서 어쩔 수 없겠지만 오늘날이라면 이 정도의 논문은 게재 거부를 당할 겁니다.)

이 실험 결과는 X선, 즉 전자파가 하나하나의 입자로 되어 있고 그 입자가 탄소 안의 전자와 함께 산란했다는 것을 증명하고 있습니다. 그 후 콤프턴은 산란된 X선과 함께 튀어나온 전자도 관측하는 실험을 해서 X선과 전자의 산란을 더 자세하게 연구했습니다.

1927년 콤프턴은 자신의 이름이 붙은 발견(콤프턴 산란)으로 노벨물리학상을 수상했습니다. 35세 때의 일입니다. 훌륭한 업적으로 명성을 날린 콤프턴 박사는 훗날 워싱턴 대학의 학장이 되기도 했습니다.

이상으로 장황하게 '빛은 입자'라는 혁명적인 아이디어와 그 실험을 설명했습니다. 1890년대부터 1920년대까지의 이야기입니다. 헤르츠, 플랑크, 아인슈타인, 밀리컨, 콤프턴이라는 당시 과학계의 거인이 활약하던 시대였지요. 바야흐로 미국인이 과학계에 진출하기 시작한 시대이기도 했습니다.

이 시점에 이르면 광양자설을 의심하는 사람은 없었습니다.

오늘날에는 X선보다 에너지가 훨씬 높은 감마선 연구로, 말 그대로 하나하나의 광자의 반응을 볼 수 있습니다. 다음 사진을 봐주세요.

기포상자라 불리는 장치로 입자가 날아가는 궤적을 볼 수 있습니다. 왼쪽에서 오른쪽 위로 살짝 굽은 직선이 몇 개 그려져 있습니다. 이것은 전기를 띤 입자가 날아가는 궤적입니다. 한가운데쯤에 두 개의 소용돌이 같은 궤적이 있고, 그 연장선상에 오른쪽 중앙에 좁은 V자형의 두 선이 생겨났습니다. 이런 궤적은 왼쪽에서부터 에너지가 높은 감마선이 들어

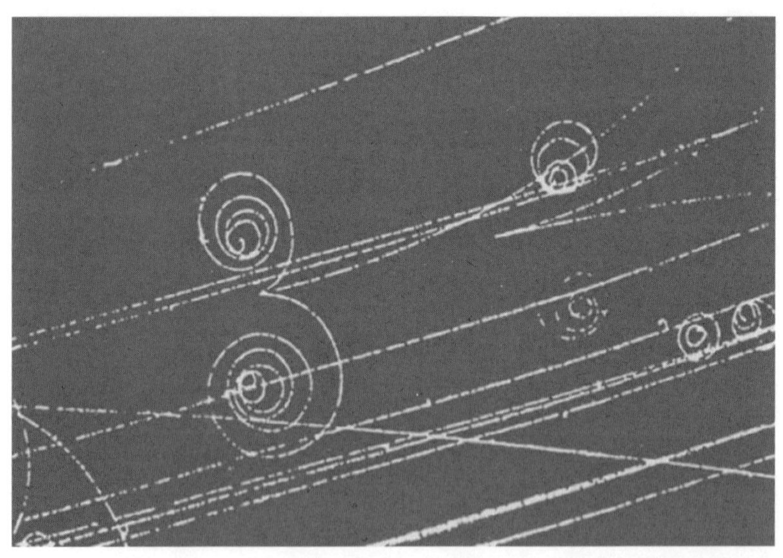

▲ 기포상자(bubble chamber)를 사용한 실험으로 촬영된 사진. 전기를 띤 입자가 날아가는 궤적이 보인다. http://arxiv.org/vc/physics/papers/0604/0604152v1.pdf에서 인용.

와(감마선은 전기를 띠고 있지 않기 때문에 사진에는 찍히지 않습니다) 원자와 반응하여 전기를 띤 세 개의 입자를 발생시키는 것을 보여주고 있습니다. 동시에 사진에 찍히지 않은 한 개의 감마선도 발생하고, 그것이 오른쪽으로 날아가 다시 전기를 띤 두 개의 입자로 변했습니다.

이상으로 이 시리즈를 마치겠습니다.

(2007년 12월 12일)

뉴트리노의 실체를 찾아서

❶ 체감할 수 없는 입자

과학은 눈이나 귀나 피부로 관찰할 수 있는 현상을 이해하는 일입니다만, 세상에는 몸으로 전혀 느끼지 못하고 정밀한 기계를 사용하지 않으면 관측할 수 없는 현상이 많습니다.

뉴트리노도 그 한 예입니다. 뉴트리노는 만물의 기본 입자 가운데 하나인데, 사실 우주에서 가장 수가 많은 기본 입자입니다. 빅뱅이론은, 우주 안 1제곱센티미터에 뉴트리노가 300개 있다고 예언했습니다. 적지 않은가 하고 생각할지도 모르겠지만, 뉴트리노는 우주의 구석구석까지 이 밀도로 존재하고 있습니다. 우주에는 수소 원자를 만들고 있는 양자나 전자가 뉴트리노에 비하면 100억 분의 3정도만 있습니다.

▲ 뉴트리노 관측 장치 : 슈퍼카미오칸데의 내부(물을 뺀 상태). 전구 같이 생긴 것은 고감도 빛 센서의 관전자 증배관. ⓒ도쿄대학 우주선(宇宙線) 연구소 가미오카 우주소립자 연구시설.

뉴트리노의 커다란 특징은 전기를 띠지 않은 중성적인 입자라는 점입니다. 우리의 몸은 원자나 분자로 구성되어 있는데, 그것들을 결부시키고 있는 것은 모두 전기의 힘입니다.(중성자는 예외입니다.) 뉴트리노는 전기를 띠지 않기 때문에 서로 달라붙을 수 없고, 그러므로 물질 안에는 존재할 수 없는 것입니다.

전기를 띠지 않는 뉴트리노는 수소나 탄소 등의 물질과도 거의 반응하지 않습니다. 몸에 뉴트리노가 부딪혀도 그냥 관통해버리기 때문에 우리

▲ 뉴트리노 모형.

는 아프지도 가렵지도 않습니다. 다시 말해 뉴트리노를 체감할 수 없다는 것입니다.

태양은 거대한 뉴트리노 발생 장치로 사방팔방으로 뉴트리노를 방출하고 있습니다.(이 뉴트리노를 태양 뉴트리노라고 합니다.) 물론 1억 5,000만 킬로미터 떨어진 지구에도 떨어져 내리고 있고 항상 우리의 몸을 관통하고 있습니다.

여러분, 어느 정도의 태양 뉴트리노가 몸을 관통하고 있다고 생각합니까? 우리의 몸을 관통하는 뉴트리노의 개수는 몸의 크기에 따라 달라집니다만, 매초에 적어도 10조 개 이상이나 됩니다! 뉴트리노는 지구 같은 것도 쉽게 관통하기 때문에 밤낮으로 항상 매초 10조 개 이상의 뉴트리노가 우리의 몸을 관통하고 있습니다. 그러나 아프지도 가렵지도 않지요.

인간이 체감할 수 없는 태양 뉴트리노를 관측하기 위해서는 표적이 되는 물질을 많이 준비하고 그 안에서 희미하게 일어나는 반응을 포착해야 합니다. 일본의 슈퍼카미오칸데* 장치는 세계에서 가장 우수한 관측 장치입니다. 장치는 5만 톤의 물을 사용하고 있는데, 그 중심 부분에 있는

* 일본의 대형 체렌코프 우주소립자 관측 장치로 대통일이론이 예언하고 있는 양자 붕괴의 발견과 중성미자의 검출이 주목적이다. 도쿄대학 우주선(宇宙線)연구소가 중심이 되어 일본 기후(岐阜) 현 카미오카 광산 지하 1,000m되는 지점에 미국과 공동으로 건설한 것이다. 초신성에서 날아오는 중성미자(뉴트리노)의 관측 등으로 큰 업적을 남긴 카미오칸데라는 장치의 2세대 장치다.

▲ 2만 2,500톤의 물이 들어차 있는 슈퍼카미오칸데 중심부.

2만 2,500톤을 표적으로 사용합니다. 바깥쪽의 2만 7,500톤은 밖에서 오는 노이즈를 차단하는 데 사용되고 있습니다. 2만 2,500톤의 물을 통과하는 태양 뉴트리노의 수는 우리의 몸을 관통하는 수보다 훨씬 많아, 매초 10조 개의 4만 배나 됩니다. 그래도 장치가 포착할 수 있는 반응은 하루에 단 15개입니다.

(2008년 5월 28일)

❷ 뉴트리노는 어떻게 물질을 관통할까?

앞에서 뉴트리노 이야기를 시작했습니다. 거듭 말씀드리지만, 뉴트리노는 지구처럼 커다란 물체와도 아무런 반응을 하지 않고 쉽사리 관통할 수 있습니다.

이 현상은 상상을 초월하는 것 같습니다. 뉴트리노도 알갱이일 것입니다. 탁자에 부딪치면 왜 튕겨 나오지 않는 걸까요? 카미오카(神岡)의 지하 관측소를 견학하러 온 사람들로부터 자주 이런 질문을 받습니다.

이번에는 이 질문에 어떻게든 대답해보려고 합니다.

우선 뉴트리노를 생각하지 말고 보통의 물체에 입자를 부딪치거나 빛을 비추는 것을 생각해보겠습니다.(지금은 너무 큰 에너지의 운동은 생각하지 않기로 합니다.)

① 우리 주변에 있는 물체는 원자가 전기적으로 결부된 구조를 하고 있다.

② 원자 내부나 원자 사이에는 전기적인 힘이 충만해 있다.

③ 전기를 띤 입자가 물체에 들어가려고 하면 그 물체에 있는 전기력이 입자의 전기에 작용하여 입자가 나아가는 방향은 바뀌게 된다.

④ 전기를 띠지 않은 빛도 전기력과 반응하기 때문에 역시 나아가는 방향은 바뀐다.

▲ 점검 중인 슈퍼카미오칸데. ⓒ도쿄대학 우주선(宇宙線) 연구소 카미오카 우주소립자 연구시설.

이러한 것으로부터, 입자를 탁자에 부딪치면 나아가는 방향이 바뀌어 튀어나옵니다. 또한 그 때문에 물체를 눈으로 볼 수도 있는 것입니다.

다음으로 뉴트리노를 생각해봅시다. 다음의 것들이 중요한 점입니다.

① 뉴트리노는 전기를 띠지 않는 중성의 입자다.

② 뉴트리노의 입장이 되어 물체를 보기로 하자. 뉴트리노는 전기를 띠지 않기 때문에 물체는 전혀 다른 것처럼 보인다.

③ 뉴트리노는 전기와 다른 '약력'(弱力)으로 물체와 반응한다. 약력은 전기력에 비해 매우 작은 거리에서밖에 움직이지 않는다.

④ 약력으로 보면, 원자는 한 덩어리의 구(球)로 보이지 않고 그 대신에 원자를 만들고 있는 전자와 쿼크(quark)가 보이게 된다.

⑤ 약력으로 관찰하면 전자나 쿼크의 크기, 게다가 뉴트리노의 크기도 극단적으로 작다.(전기적인 반지름이 아니라 약력의 반지름을 생각하자.)

⑥ 원자는 매우 작은 전자와 쿼크로 만들어진, 틈이 많은 구조를 하고 있다.

⑦ 뉴트리노를 원자에 집어넣으면 작은 입자의 뉴트리노는 틈이 많은 원자와 아무런 반응도 하지 않는다. 그러므로 나아가는 방향도 바뀌지 않고 관통하여 지나갈 수 있다.

⑧ 원자에는 너무나도 틈이 많기 때문에 원자가 가득 모여 만들어진 지구조차도 뉴트리노의 입장에서 보면 틈이 많은 구조로 보인다. 그러므로 지구도 아무런 반응을 하지 않고, 뉴트리노는 나아가는 방향도 바꾸지 않은 채 관통해 빠져나갈 수 있다.

이것이 뉴트리노가 지구나 태양조차 그냥 관통할 수 있는 이유입니다. 약력만으로 조망하는 뉴트리노의 입장이 되어 생각하는 것이 비결입니다.

원자가 어느 정도로 틈이 많은지 수치로 나타내보겠습니다.(태양에서 오는 뉴트리노가 갖고 있는 정도의 에너지를 생각합니다.)

① 가령 원자의 크기를, 태양에서 명왕성까지의 거리를 반지름으로 하는 구, 즉 태양계의 크기까지 팽창해본다.
② 같은 비율로 전자, 쿼크나 뉴트리노를 팽창해도 그것들의 반지름은 10센티미터 정도의 크기에 지나지 않는다.
③ 예를 들어 수소 원자를 태양계 정도의 크기로 팽창해보자. 수소 원자는 태양계 정도의 크기이며, 내부에 아무것도 없는 진공의 구 안에 10센티미터 정도의 전자나 쿼크가 4개 흩어져 있는 정도의 틈이다. 쿼크 3개는 원자 안에서 좀 더 한데 뭉쳐 존재하지만 지금의 논의에 영향을 미치지 않는다.

그럼 상상해보세요.

(2008년 5월 29일)

❸ 대빙하기는 올 것인가

태양으로부터 전기를 띠지 않은 뉴트리노라는 수많은 입자가 지구로 떨어져 내린다는 이야기를 했습니다.

많은 돈을 들여 커다란 관측 장치를 만들고 숱한 고생을 하며 태양 뉴트리노를 관측하고 있는 과학자들이 있습니다. 대체 이들은 무슨 연구를 하고 있는 걸까요?

태양은 그 중심에서 핵반응을 일으켜 에너지(열)를 만들고 있다는 것은 이미 소개했습니다.(강의 2의 '❶ 방사선과 태양의 에너지원, 그 하나', '❷ 방사선과 태양의 에너지원, 그 둘') 그 에너지(열)는 태양 내부의 물질 안을 천천히 상승하여 표면에 이릅니다. 태양 내부의 물질은 풀솜처럼 열전도율이 나쁘기 때문에 중심에서 만들어진 에너지가 태양 표면까지 올라오는 데 수십만 년이 걸립니다. 또 에너지가 만들어지는 중심 부분에서는 온도가 1,500만 도나 됩니다만, 물질을 확산시키고 있는 동안 온도가 내려가 표면에서는 6,000도가 되어버립니다. 우리는 이 6,000도로 불타오르는 구(光球)를 보고 있는 것입니다.

▲ 뉴트리노로 빛나는 태양 : 뉴트리노의 관측 데이터를 컴퓨터로 해석하고 뉴트리노의 방향을 구해 얻어진 상. ⓒSuper-Kamiokande Collaboration.

그러나 우리가 보고 있는 빛은 인류가 탄생하지도 않은 수십만 년 전에 만들어진 에너지의 모습입니다. 태양의 에너지가 직접 만들어지고 있는 현장을 보고 싶지 않습니까?

뉴트리노는 지구는 말할 것도 없고 태양조차 쉽사리 관통합니다. 만약 태양 에너지가 발생할 때 뉴트리노가 만들어지고 있다면 그것들은 빛의 속도로 나아가기 때문에 지구에는 8분 만에 도착합니다. 다시 말해 태양 뉴트리노를 관측하면 8분 전에 태양 에너지가 발생한 현장을 연구할 수 있지 않을까요? 바로 이것이 연구자들이 태양 뉴트리노를 연구하기 시작한 계기였습니다.

실제로 태양은 에너지를 만드는 핵반응으로 방대한 뉴트리노를 만들고 있습니다.(강의 2의 '❸ 방사선과 태양의 에너지원, 그 셋'). '❶ 체감할 수 없는 입자'에서 소개한 슈퍼카미오칸데 장치는 태양 뉴트리노를 포착하기 위해(그 밖의 목적도 있습니다만) 만들어졌습니다. 이 5만 톤의 장치를

▲ 고에너지가속기 공동연구기구(KEK) 소장으로 마그넷 설비를 시연하는 도쓰카 교수.

사용해도 하루에 고작 15개의 신호밖에 관측할 수 없다는 이야기도 했습니다.

이론가는 과거 30년 이상에 걸쳐 태양 내부의 자세한 상태나 핵반응이 일어나는 방식을 연구해왔습니다. 그럭저럭 믿을 만한 태양의 이론이 만들어진 것은 20년쯤 전의 일입니다. 몇 명의 이론가들이 자신의 계산이 옳다는 걸 내세우며 기탄없는 논의를 했습니다.

그 가운데 그럭저럭 믿을 만한 이론들을 이용해 계산해보니 슈퍼카미오칸데가 관측할 수 있는 양은 하루에 30개라고 나왔습니다. 그러나 실제 관측양은 하루 15개뿐이었습니다.

두 배의 차이가 있는데, 태양의 내부는 정확히 모르기 때문에 대충 맞지 않은가, 그런 대로 괜찮다는 것이 첫 번째 인상이었을 겁니다. 그러나 이론가는 이 차이를 굉장히 중시했습니다.

이론 계산은 지금 태양이 만들고 있는 에너지를 기초로 이루어진 것입니다. 그러나 생각해보세요. '지금' 우리가 관측하고 있는 태양 에너지는 수십만 년 전에 태양의 중심에서 만들어진 것입니다. 만약 태양 뉴트리노의 수가 계산한 수치의 절반이라면 '현재' 태양 중심에서 만들어지고 있는 에너지는 수십만 년 전의 절반밖에 안 된다고 결론지어야 합니다. 지구 온난화 정도의 문제가 아닙니다. 앞으로 대빙하기가 찾아온다는 이야기가 되는 것입니다.

(2008년 6월 2일)

❹ 새로운 발견!

바로 앞 이야기에서 태양 뉴트리노는 예상치의 절반밖에 관측되지 않았고, 태양의 활동이 절반으로 떨어지고 있다는 의혹이 존재한다는 이야기를 했습니다.

그러나 금세 태양과학자로부터 반론이 나왔습니다.

① 태양의 방대한 열용량을 생각하면, 수십만 년 동안에 태양의 활동이 절반이 된다는 데는 무리가 있다.

② 태양은 열 발생을 안정화하는 훌륭한 피드백 장치를 갖고 있다. 중심에서 열을 너무 많이 만들어내면 태양은 약간 팽창하여 중심부의 온도를 내림으로써 열 발생을 억제한다. 중심에서 열 발생이 너무 적으면 태양은 약간 수축하여 중심의 온도를 올림으로써 열 발생을 늘린다. 이러한 기구를 자동적으로 작동하고 있기 때문에 간단히 열 발생이 절반이 될 수는 없다.

저는 그런 반론을 들어도, 태양 뉴트리노를 오랫동안 정밀하게 관측하여 정말로 태양의 열 발생량이 시간과 함께 일정한지 아닌지를 확인해야 한다고 생각합니다. 좀처럼 없는 일이긴 합니다만, 이론에는 어딘가 알아채지 못하는 불충분함이 감추어져 있을 가능성이 있기 때문입니다. 이론을 맹신해서는 안 됩니다.

하지만 태양 과학자에게 그런 말까지 듣고 보니 소립자물리학자의 의견도 들을 필요가 있는 것 같습니다.

소립자물리학자는 재치 있는 사람들이어서 금방 이런 대답이 돌아옵니다.

① 태양의 열 발생이 변하지 않는다고 한다면, 변하지 않으면 안 되는 것은 뉴트리노 쪽이다. 뉴트리노에는 세 종류가 있는데 첫 번째만이 태양에서 만들어진다. 두 번째, 세 번째의 뉴트리노는 물질과의 반응이 첫 번째보다 5분의 1쯤 적다.

② 태양의 중심에서 만들어진 첫 번째 뉴트리노가 지구로 날아오는 동안 두 번째 뉴트리노로 변신했다고 생각해보자. 두 번째는 반응력이 작기 때문에 거의 빠져나가버릴 것이다.

③ 첫 번째 뉴트리노의 67퍼센트가 두 번째 뉴트리노가 되었다고 하자. 두 번째의 약 5분의 1만 반응하기 때문에 슈퍼카미오칸데 내부에서 관측되는 것은 33퍼센트인 첫 번째 뉴트리노 신호와 15퍼센트인 두 번째 뉴트리노 신호이고, 합치면 정확히 절반에 가깝지 않은가.

④ 이 변신이 일어나기 위해서는 뉴트리노가 적은 질량을 갖고 있다는 것과 세 종류의 뉴트리노 사이에 '혼합'이라 불리는 서로 섞이는 현상이 일어날 필요가 있다. 뉴트리노의 질량과 혼합이 혹시 진짜 확인된

▲ '스노' 관측 장치 : 캐나다의 니켈 광산 2,000미터 지하에 건설 중인 구의 표면에 도톨도톨하게 보이는 것은 고감도 광센서의 광전자 증배관.
http://www.sno.phy.queensu.ca/group/pics/sno6.jpg에서 인용.

다면 그것은 소립자물리학의 대발견이다!

캐나다의 관측 장치 '스노'(SNO)는 슈퍼카미오칸데와 마찬가지로 첫 번째에도 감도가 있지만 두 번째, 세 번째를 별도로 포착할 수 있는 우수한 것이었습니다. 물 대신에 1,000톤의 중수를 사용했습니다. 중수 1리터의 가격은 고급 코냑 값과 비슷하기 때문에 스노 장치는 엄청난 돈이 들어갔다는 것을 알 수 있을 것입니다.(실제로는 캐나다 정부로부터 100톤의 중수를 공짜로 빌렸습니다. 2007년 관측이 끝났기 때문에 중수는 그대로 정부에 반납했습니다.)

슈퍼카미오칸데의 관측 결과와 스노의 관측 결과를 합쳐보니, 놀라지 마십시오, 정말로 3분의 2인 첫 번째 뉴트리노가 두 번째 뉴트리노로 변신했다는 사실을 알 수 있었습니다. 대발견입니다!

뉴트리노에 대한 소개는 일단 이 정도로 끝내겠습니다.

(2008년 6월 4일)

● 번외 편 : 새로운 과학의 수수께끼는 20세기에 발견되었을까?

19세기가 끝나갈 무렵, 빛의 과학에 존재하던 커다란 수수께끼가 발견되었습니다. 과학자가 노력하여 빛의 수수께끼를 풀었으므로 새로운 학문 '양자역학' 과 '특수상대성이론' 을 만들어냈고, 그것을 기초로 20세기의 과학기술이 경이적인 발전을 이뤄냈습니다. 21세기를 맞이했는데, 19세기 말에 모든 과학자가 달려들었던 빛의 수수께끼와 같은, 새로운 학문을 낳고 다음 세기의 과학기술을 완전히 바꿔버리는 '새로운 수수께끼' 는 20세기 말에 있었던 걸까요?

미국의 과학잡지 『사이언스』는 과학의 톱10 뉴스를 매년 선정하여 발표합니다. 저는 1998년의 톱10 뉴스를 보고 깜짝 놀랐던 것을 지금도 선명하게 기억하고 있습니다. 그리고 그 연구의 발전을 주목하고 있습니다. 세 번째 뉴스는 저희가 발표한 뉴트리노에 관한 연구였기 때문에 첫 번째 뉴스에 더욱 놀랐는지도 모릅니다.

첫 번째 연구를 잠깐 소개하겠습니다.

우주는 137억 년 전에 일어난 빅뱅으로 탄생하여 팽창을 시작했습니다. 현재도 우주는 계속해서 팽창하고 있습니다. 팽창의 속도는 우주 안에 있는 물질 사이에서 작용하는 '만유인력' 으로 결정되고, 시간이 지나면서 차츰 늦어질 것입니다. 과학자는 이것을 의심하지 않았습니다.

미국의 관측 그룹이 우주 저편에서 때때로 일어나는 초신성 폭발을 많이 관측하고 우주의 팽창 속도가 우주의 과거에 어떤 수치였는가를 관측하여 현재의 팽창 속도와 비교했습니다. 1998년에 발표한 관측 결과는,

"우주가 팽창하는 속도는 감속하는 것이 아니라 가속하고 있다."

라는 놀랄 만한 결과였습니다. 이것은,

"우주는 만유인력이 아니라 '척력' 이 지배하고 있다."

고 바꿔 말할 수 있을 것입니다.

저는 19세기 말의 빛의 수수께끼에 필적하는 수수께끼가 이 새로운 우주의 수수께끼에 있다고 생각합니다. 이 수수께끼를 풀기 위해서 많은 과학자가 일하고 있습니다만, 지금도 수많은 젊은이가 수수께끼의 해명에 더욱 적극적으로 참가할 필요가 있습니다.

(「창조성 육성 학교 HP」에서. 2008년 6월 25일)

'자연스러운' 우주 · 자연계의 스케일이란 무엇인가

❶ 그 하나

자연을 기술하기 위해서는 세 가지 수량이 필요합니다. 시간을 나타내는 양, 길이를 나타내는 양, 질량을 나타내는 양, 이 세 가지입니다. 이것만 있으면 충분합니다.

우리는 세 가지 기본적인 상수를 알고 있습니다. 뉴턴의 만유인력 상수(G), 빛의 속도(c), 플랑크 상수(h)입니다. 이 상수들은 상당히 성가신 단위를 갖고 있습니다만, 이 세 가지로 시간, 길이, 질량의 기본적인 수치를 나타낼 수 있고 그 구체적인 수치를 구할 수 있습니다.

말하자면 우리의 자연계는 이 수치들을 기준으로 만들어져 있다고도 생각할 수 있습니다. 그러면 이제부터 시간, 거리, 질량의 기본적 수치를 구해보고자 합니다.

현재의 물리학에서는 프랑크 상수보다도 그것을 2π로 나눈 값을 기본 상수로 사용하고 있습니다. 그 수치를 $\hbar$로 표시하기로 합니다. $\hbar$는 '에이치바(bar)'로 읽는데 여기서는 플랑크 상수라고 부르겠습니다. 앞으로는 h를 사용하지 않을 것이니 혼란스럽지는 않을 겁니다. 2π는 6쯤 되는 수치인데, 6배나 6분의 1은 지금의 논의에 그다지 영향을 주지 않기 때문에 $\hbar$를 사용해도 별 영향은 없습니다.

우선 뉴턴의 만유인력 상수(G), 빛의 속도(c), 플랑크 상수($\hbar$)의 수치를 적어보겠습니다.

$$G = 6.673 \times 10^{-11} m^3/kg \cdot s^2$$
$$= 6.673 \times 10^{-11} J \cdot m/kg^2$$

$$c = 2.998 \times 10^8 m/s$$

$$\hbar = 1.055 \times 10^{-34} J \cdot s$$

그리고 질량, 에너지, 시간, 길이의 기본 수치는 다음과 같습니다.

질량의 기본 단위는,

$$m_{Pk} = \sqrt{\frac{\hbar c}{G}} = 2.177 \times 10^{-8}\text{kg}$$

에너지의 기본 단위는,

$$E_{Pk} = m_{Pk} \cdot c^2 = 1.957 \times 10^{9}\text{J}$$

$$= 1.221 \times 10^{28}\text{eV}$$

시간의 기본 단위는,

$$t_{Pk} = \frac{\hbar}{E_{Pk}} = 5.391 \times 10^{-44}\text{s}$$

길이의 기본 단위는,

$$l_{Pk} = \frac{\hbar c}{E_{Pk}} = 1.616 \times 10^{-35}\text{m}$$

가 됩니다. 흥미 있는 분은 확인해보세요. 여기서 m은 미터, kg는 킬로그램, s는 초, J는 줄을 나타내는 단위 기호입니다. eV는 전자볼트입니다. 기본 단위에 Pk라는 여분의 문자가 붙어 있는데, 이것은 플랑크의 약호이며 기본 질량, 에너지, 시간, 길이를 플랑크 질량, 플랑크 에너지, 플랑크 시간, 플랑크 길이라고 합니다.

▲ 플랑크의 얼굴이 새겨진 동전

플랑크라는 이름이 여기저기에 나오는데 그만큼 물리학자들이 플랑크 상수를 중요한 것으로 생각하기 때문입니다. 독일에서는 예전 2마르크짜리 동전이나 5마르크짜리 동전에 막스 플랑크의 얼굴을 새겼습니다. 또 막스 플랑크 협회는 독일의 과학기술을 지탱하는 가장 큰 조직으로 수십 개의 연구소를 거느리고 있습니다. 이러한 것들을 볼 때 플랑크의 공적이 사회에 얼마나 큰 충격을 주었는지 알 수 있을 겁니다.

플랑크의 길이를 기본으로 취한다는 것은 자의 눈금을 새길 때 한 눈금을 플랑크 길이, 즉 1.616×10^{-35}미터로 한다는 뜻입니다. 이 작은 눈금은 일상적인 감각과 동떨어져 있습니다. 플랑크 시간도 그렇습니다. 그리고 플랑크 에너지는 플랑크 시간이나 플랑크 길이에 비해 극단적으로 큰 수치입니다.

'자연스러운' 스케일이란 어떤 기본 양으로 눈금을 새길 때 자연계의 흔한 양이 1, 10, 100, 1000 정도의 눈금으로 표시된다는 뜻입니다. 미터나 초나 킬로그램은 실생활에 맞도록 선인들이 정한 것이니까 이 단위들은 자연스러운 것입니다.

그런데 플랑크라는 이름이 붙은 기본 상수를 기준으로 하면 우리 세계와는 완전히 동떨어진, 극단적으로 단시간의, 극단적으로 짧은 길이지만 굉장히 큰 에너지를 가진 세계가 됩니다.

예컨대 블랙홀이라는 것은 물체의 밀도가 너무나 크기 때문에 만유인력이 너무 강해서 물체가 중심을 향해 한없이 붕괴되어 한 점에 집중된 상태입니다. 이 한 점 주위의 중력은 너무나 강해서 빛도 구부러지며 어떤 반지름 밖으로는 나올 수도 없게 됩니다. 그 경계선이 되는 반지름을

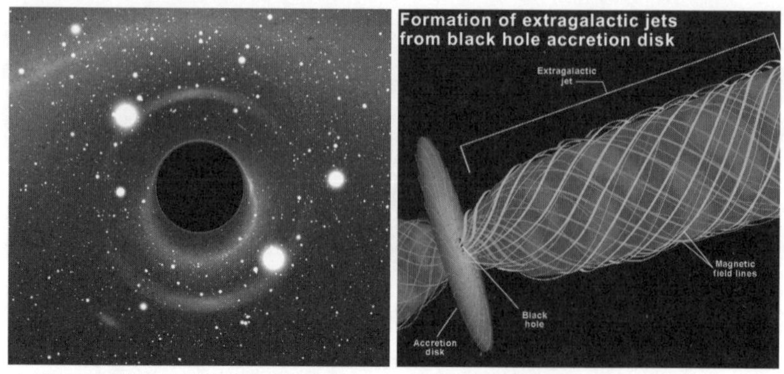

▲ 대마젤란 성운 앞의 블랙홀 시뮬레이션(왼쪽). 블랙홀 응축원반(별 주위에 가스와 먼지로 이루어진 원반)에서 나온 은하계 분사 구조(오른쪽).

슈바르츠실트 반지름(Schwarzschild's radius)*이라고 합니다. 어떤 물체의 실제 반지름이 슈바르츠실트 반지름보다 작으면 물체는 블랙홀이 되어 버립니다. 그 관계를 보여주도록 하겠습니다.

플랑크 질량을 가지고 플랑크 길이의 반지름을 가진 구는 블랙홀이 된다는 것을 알 수 있습니다.

질량 M을 가진 물체의 슈바르츠실트 반지름 r_g는,

$$r_g = 2\frac{GM}{c^2}$$

* 아인슈타인이 새로운 상대론적 중력방정식을 제시하자, 1916년 슈바르츠실트는 회전하지 않는 블랙홀에 중력방정식을 적용하였는데 여기서 정의되는 블랙홀의 반지름을 슈바르츠실트 반지름이라고 한다. 지구의 경우 약 1센티미터가 되며 슈바르츠실트 반지름은 천체의 질량에 비례한다.

로 주어집니다. 플랑크 질량 $m_{Pk} = \sqrt{\hbar c/G}$를 가진 물체의 슈바르츠실트 반지름은,

$$r_{gPk} = 2\frac{\sqrt{\hbar c G}}{c^2} = \frac{2}{c}\sqrt{\frac{G\hbar}{c}} = 2l_{Pk}$$

가 되고, 플랑크 질량을 가진 물체의 슈바르츠실트 반지름은 플랑크 길이의 2배입니다.(이 물체의 반지름은 슈바르츠실트 반지름의 절반.)

따라서 플랑크 질량을 가지고 플랑크 길이의 반지름을 가진 물체는 블랙홀이 됩니다.

플랑크 길이와 플랑크 질량으로 규정되는 우주가 빅뱅으로 탄생해도, 플랑크 시간 정도가 지나면 우주 전체가 블랙홀이 되려고 수축을 시작하고 순식간에 찌부러져버리게 됩니다. 원래 우리는 이러한 세계에 살고 있는 것이 '자연스러운' 것입니다. 그렇다면 대체 왜 실세계는 미터, 초로 표시되는 극단적으로 엷어진 세계가 되어버린 걸까요?

이 '자연스럽지 않은' 세계가 왜 탄생했는지는 아직 해결되지 않았습니다.

빅뱅 직후에 '인플레이션'*이라 불리는 터무니없는 팽창이 일어났다고들 합니다. 인플레이션이 일어났다는 것을 보여주는 몇 가지 증거가

* 팽창 우주. 우주가 생성되는 대폭발 때 단숨에 우주가 팽창되었다고 하는 학설.

관측으로 발견되었습니다.

인플레이션이 일어나면 플랑크 길이밖에 안되었던 우주가 터무니없이 팽창하여 미터 단위로 측정할 수 있는 거시적인 양이 될 수 있습니다. 그래도 우주가 찌부러져버리면 깡그리 없어집니다. 그러나 인플레이션은 원래 우주 내부에 있던 플랑크 에너지도 희박해지고, 그 때문에 에너지로 작용하는 만유인력이 약해지면서 우주는 팽창을 시작합니다. 이렇게 되면 다 된 것으로, 우주는 마음대로 팽창을 시작하고 시간의 스케일도 초로 잴 수 있는 긴 시간까지 우주가 살아남았던 것입니다. 옆의 그림은 빅뱅 우주의 역사를 나타낸 것입니다.

❷ 그 둘

앞의 질문은 "플랑크 길이와 플랑크 질량으로 규정되는 우주가 빅뱅으로 탄생해도 플랑크 시간 정도가 지나면 우주 전체가 블랙홀이 되려고 수축을 시작하고 순식간에 찌부러져버리게 됩니다. 원래 우리는 이러한 세계에 살고 있는 것이 '자연스러운' 것입니다. 그렇다면 대체 왜 실세계는 미터, 초로 표시되는 극단적으로 왜곡어진 세계가 되어버린 걸까요?"라는 것이었습니다.

이 '자연스럽지 않은' 세계가 왜 탄생했는가는 아직 해결되지 않았습니다.

빅뱅 모델의 개략

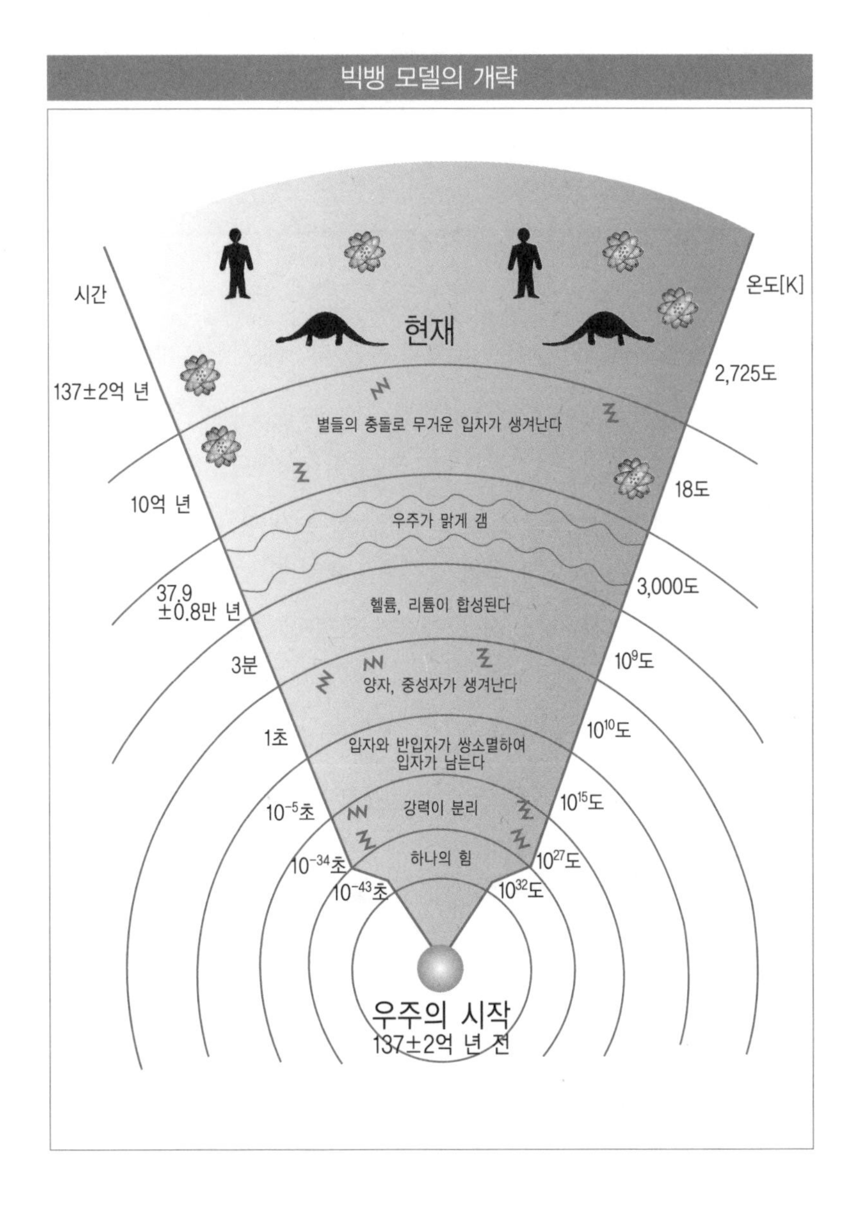

시간
온도[K]
현재
137±2억 년
2,725도
별들의 충돌로 무거운 입자가 생겨난다
10억 년
18도
우주가 맑게 갬
37.9 ±0.8만 년
3,000도
헬륨, 리튬이 합성된다
3분
10^9도
양자, 중성자가 생겨난다
1초
10^10도
입자와 반입자가 쌍소멸하여 입자가 남는다
10^-5초
10^15도
강력이 분리
10^-34초
10^27도
하나의 힘
10^-43초
10^32도
우주의 시작
137±2억 년 전

하나의 해결 방법은 빅뱅이 일어났을 때 물질은 아직 만들어지지 않았다는 가능성을 탐구하는 것입니다. 플랑크 에너지를 가진 물질이 없다면 블랙홀이 될 염려도 없습니다. 그러나 우주를 폭발 상태로 만들기 위해서는 에너지가 필요합니다. 그것은 뭘까요?

갑작스러운 이야기입니다만, 10도의 물을 생각해보겠습니다. 물을 식혀 가면, 즉 물에서 열을 빼나가면 비열(比熱, specific heat)*에 따라 물의 온도는 내려갑니다. 물이 0도가 되면 얼기 시작하지만, 계속 차게 해도 물의 온도는 내려가지 않습니다. 얼음과 녹은 물이 섞인 상태는 물이 완전히 얼음이 될 때까지 계속 차게 해도(열을 계속 빼내도) 온도는 0도를 유지하고 있습니다. 다시 말해 물을 얼리기 위해서는 물로부터 여분의 열을 빼앗을 필요가 있습니다. 이 열은 물이 잠재적으로 갖고 있는 열인데, 이를 잠열(潛熱)이라고 합니다.

빅뱅이 일어났을 때 우주에는 이 잠열과 비슷한 에너지가 있었지 않았을까, 하고 생각하는 것입니다. 이 에너지는 물질의 운동에너지나 질량과는 전혀 다른 것입니다. 이와 유사한 에너지는 예전에 아인슈타인이 생각한 적이 있습니다. '우주항'(宇宙項)이라 불린 것이 그것입니다. 그러나 그 후 우주의 관측으로부터 우주항은 필요 없다는 것을 알았고, 아인슈타인은 우주항의 도입을 "인생 최대의 실패"라고 말한 것으로 전해지

* 어떤 물질 1그램의 온도 1도를 높이는 데 필요한 열량이다.

고 있습니다.

그러나 최근의 소립자물리학에서는 우주항 그 자체의 작용을 하는 '진공에너지' 라는 개념이 등장했습니다. 이 개념이 사실이라면, 이것은 바로 우주의 잠열에 상당하는 것입니다. 빅뱅이 일어났을 때 이 우주의 잠열, 즉 아인슈타인의 우주항이 거대한 수치를 갖고 있었다고 생각할 수 있습니다.

그 후 우주의 시간 경과는 아인슈타인의 일반상대성이론의 방정식에 따른다고 생각할 수 있습니다. 여기서는 보여주지 않습니다만, 커다란 우주항이 있는 방정식은 단시간에 거대한 팽창(지수함수적 팽창)을 일으킨다는 답을 냅니다. 이 때문에 우주는 순식간에 팽창하여(적어도 10^{26}배나 크게 된다!) 미터라는 단위를 사용할 수 있는 크기가 되었던 것입니다.(우주 시작의 지름이 플랑크 길이 10^{-35}미터였다고 해도 이 팽창으로 우주의 크기는 10^{-9}미터 이상이 되었습니다. 이 수치는 분자의 크기에 가깝게 충분히 '거시적' 입니다.)

그렇다면 우주에 있는 물질은 이 잠열이 해방되어 물질로 변신했다고 생각합니다. 실제로 그러한 방정식을 만들 수 있습니다. 이것으로 순식간에 찌부러져버리는 플랑크 스케일의 우주를 피할 수 있었습니다.

이 지수함수적 팽창을 '인플레이션' 이라고 부릅니다. 인플레이션이 실제로 일어난 것을 보여주는 몇 가지 증거가 관측으로 발견되었습니다.

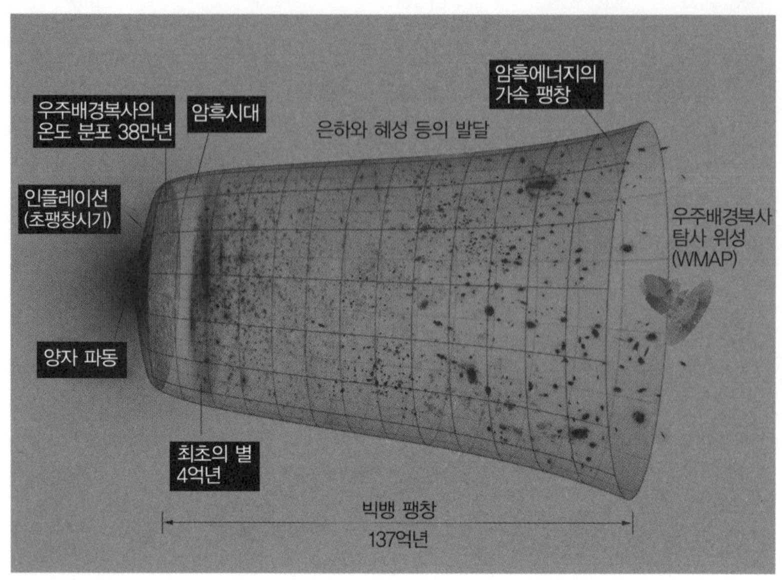

▲ 빅뱅 팽창도.

그러나 아직 인플레이션의 비밀은 완전히 풀린 것이 아니어서 세계의 연구자들이 활발하게 연구하고 있습니다.

물질이 우주의 잠열로 만들어진 후에는 물질 사이에서 작용하는 만유인력과 압력의 관계를 기초로 우주는 천천히 팽창을 시작합니다.

❸ 그 셋

에너지의 기본량은 플랑크 에너지였습니다만, 그 후의 연구에서 다른 에너지 기본량의 존재가 알려지게 되었습니다. 확실한 것은 약력의 스케일 약 200기가전자볼트, 강력의 스케일 약 200메가전자볼트입니다. 또 하나, 아마 있을 것으로 생각되는 에너지는 대통일의 에너지 스케일이라고 불리는데, 그 수치는 훨씬 커서 10^{16}기가전자볼트 정도라고 합니다.

그리고 시간이나 길이 등과 달리 단위를 갖지 않은 기본적인 수치가 적어도 하나 있습니다. 전기가 작용하는 힘의 크기를 나타내는 '미세구조상수'(fine-structure constant)*라는 것으로, 그리스문자 α로 표시합니다.

$$\alpha = 1/137.036 = 0.00730$$

이 수치가 조금이라도 이상해지면 원자나 분자의 형태가 무너져버리고 물질, 나아가서는 현재의 생물도 탄생되지 않았을 것입니다.

이들 에너지 스케일이나 α는 우주의 진화에 무언가 역할을 하고 있는 것일까요? 여기서 다시 한 번 이 책 193페이지에 있는 우주 진화도를 봐 주세요.

빅뱅 직후에 인플레이션이 있어서 우주는 미터의 기본 단위로 측정할 수 있는 크기가 되었습니다. 거기에서 우주가 어떻게 될지를 (예상입니다만) 설명하겠습니다.

---

* 1916년에 아놀드 좀머펠트가 이 상수를 처음 도입했기에 '좀머펠트 미세구조상수'라고 지칭하기도 한다.

우주의 온도(에너지)가 팽창 때문에 대통일의 스케일까지 내려가면 (아직 엄청난 크기입니다만) 하나의 변화가 나타납니다. 우선 전자, 뉴트리노나 쿼크 등의 기본 입자가 생겨납니다. 또한 그 입자들의 반입자도 생겨나는데, 반입자 쪽이 (아주 조금이지만) 적게 생깁니다.

약력의 에너지 스케일까지 우주의 온도가 내려가면 전자나 쿼크에 갑자기 무게가 발생합니다. 동시에 지금까지 전기력과 비슷한 힘이었던 약력이 갑자기 반응력을 잃어버립니다. 이때 입자와 반입자는 격렬하게 반응하여 가벼운 전자, 뉴트리노, 감마선 등이 됩니다. 쿼크는 수를 대폭 줄이고 맙니다만, 어느 정도 많이 생겨 있었기 때문에 살아남고 반(反)쿼크는 우주에서 사라져버립니다. 반물질로 이루어진, 이른바 반(反)은하 같은 부분이 우주에 없는 것은 이 때문입니다.

우주의 온도가 더 내려가 강력의 스케일이 되면 쿼크는 서로 붙어서 양자(수소 원자의 원자핵)가 됩니다. 마치 물이 얼음이 되는 것 같은 변화입니다. 그리고 강력은 양자끼리 작용하여 헬륨의 원자핵을 만들어냅니다.

팽창이 더욱 진행되어 우주의 온도가 내려가면 강력은 작용하지 않게 되고 결국 남은 힘은 전기력만 됩니다. 여기서 일단 우주의 기본 형태가 만들어졌습니다.

나머지는 전기력을 사용해 원자핵과 전자에서 원자가 만들어지고, 나아가 분자가 만들어져갑니다. 뉴턴의 만유인력이 이 언저리에서 커다란 역할을 하는데, 물질을 인력으로 모아 덩어리를 만들고, 그것들이 모여

별을 만듭니다.

그 나머지는 다들 알다시피 별이 핵반응으로 빛나고, 탄소나 산소의 원소를 만들고, 그것을 기초로 생물이 만들어졌습니다.

대통일, 약력, 강력의 에너지 스케일로 상당히 큰 변화가 우주에서 일어났습니다. 이러한 변화는 물이 얼음으로 변하는 것과 같은 갑작스러운 상태 변화인데, 어려운 말로 '상전이'(相轉移, phase transition)라고 합니다.

이처럼 현재의 우주를 진화시켜온 것은 플랑크 에너지 이외의 에너지 스케일이 기본적인 역할을 하고 있었던 것입니다.

최근 또 하나의 에너지가 발견되었습니다. 우주에 있는 '암흑에너지'(Dark Energy)입니다. 현재의 우주는 1제곱미터 당 1.05기가전자볼트의 에너지 밀도를 갖고 있다는 사실을 관측으로 알게 되었습니다. 그중의 73퍼센트는 영문을 알 수 없는 암흑에너지입니다. 암흑에너지는 수년 전에 발견된 것이지만, 아직 그 정체에 대해서는 전혀 모르고 있습니다.

소립자의 최첨단 이론에 '초끈이론'(super-string theory)*이라는 것이 있습니다. 저는 실험가이기 때문에 그 고상한 수학은 전혀 이해할 수 없

* 우주를 구성하는 최소 단위를 끊임없이 진동하는 끈으로 보고 우주와 자연의 궁극적인 원리를 밝히려는 이론이다. 상대성이론의 거시적 연속성과 양자역학의 미시적 불연속성 사이에 존재하는 모순을 해결할 수 있을 것으로 생각되는 이론 후보 중의 하나다. 초끈이론에서는 끈들이 진동하는 유형에 따라 입자마다 고유한 성질이 생기고, 우주를 생성과 소멸의 과정으로 보는 빅뱅이론과 달리 영원히 성장과 수축을 반복하는 존재로 본다. 또 우리가 살고 있는 우주 외에 수많은 다른 우주가 각각의 물리법칙에 따라 존재한다고 가정한다.

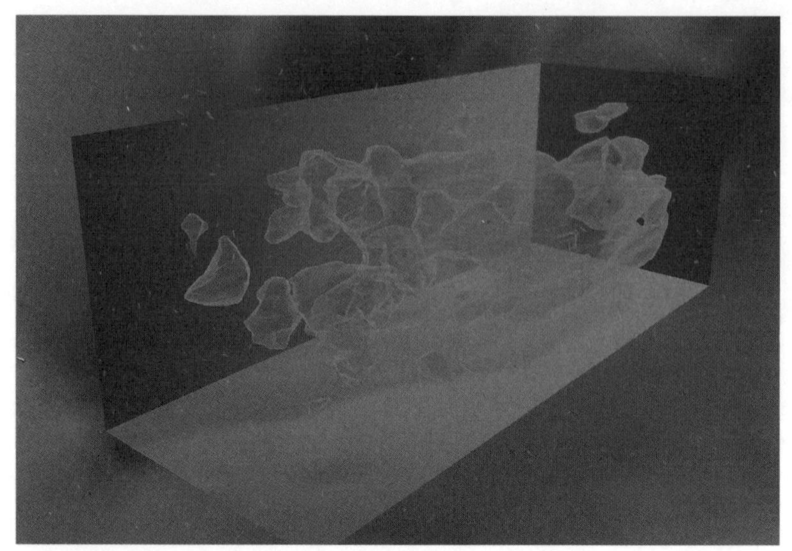

▲ 허블우주망원경으로 재현된 3D입체 암흑물질 분포도.

습니다만, 초끈이론 전문가가 하는 이야기 하나만 소개하겠습니다. 이 이론의 수식을 풀어보면 거의 무수한 답을 얻을 수 있습니다. 그 풀이 하나하나가 빅뱅으로 만들 수 있는 우주일 것입니다. 무수하게 존재하는 이 우주는 지금까지 소개한 기본 상수가 각각의 우주에서 달랐기 때문에 구별할 수 있다는 것입니다.

무수하게 서로 다른 우주의 가능성이 있고, 이론은 그것들이 실제로 만들어져 있을 거라고 합니다. 우주를 유니버스(universe)라고 합니다만 처음의 'uni'는 하나를 나타내는 말이므로 무수하게 존재하는 우주는 멀티버스(multiverse)라고 부릅니다.

유감스럽게도 각각의 우주가 서로 교신할 수 없기 때문에 우리는 다른 우주가 만들어져 있는지의 여부를 관측할 방법이 없습니다. 안타깝기 그지없습니다.

우리가 살고 있는 우주는 무수히 존재하는 우주 중의 하나일 것입니다. 왜 마침 앞에서 소개한 기본 상수를 가진 그 우주인 걸까요? 이론가는 난처한 나머지 그것은 우리가 생존할 수 있는 우주에 우연히 살고 있는 것에 지나지 않는 거라고 말합니다. '인간원리'(anthropic principle)라고 합니다. 그러나 대부분의 물리학자들을 이 원리에 위화감을 갖고 있습니다. 인간원리를 내세우면 과학은 여기서 끝나버리고, 그 다음에는 지금까지 알고 있는 법칙을 응용하는 응용과학밖에 남지 않게 되기 때문입니다.

저는 인간원리는 머리 한구석에 놓아두기로 하고, 관측으로 자연의 신비를 더욱 더 추구해가는 일은 아직 인간 능력의 범위 안에 있고 대대적으로 해나가야 한다고 생각합니다. 그렇지 않은가요?

2부

마지막 강연

우주와 소립자

도쓰카 교수는 연구 생활의 대부분을 보낸 기후(岐阜) 현 히다(飛騨) 시 카미오카에 있는 도쿄대학 우주선연구소 카미오카 우주소립자 연구시설에서 2002년 쓰쿠바(筑波) 현 쓰쿠바 시의 고에너지 가속기 연구기구(KEK)로 옮겨가 2003년부터 2006년까지 KEK 기구장(機構長)을 역임했다. 2부는 2005년 9월 4일 KEK를 일반에 공개할 때 한 강연 「우주와 소립자」를 정리한 것이다.

우주와 소립자

소립자란 무엇인가

고에너지가속기 연구기구(KEK)에서는 가속기를 사용한 다양한 연구를 하고 있습니다만, 오늘은 특히 「우주와 소립자」라는 주제로 이야기하려고 합니다. 주제를 크게 '소립자 입문', '우주 관측의 현재', '소립자 연구의 미래'로 나누어 순서대로 이야기를 진행하겠습니다.

첫 번째로 '소립자 입문'인데, 모든 것을 말하려면 반년은 걸릴 겁니다. 그러므로 여기서는 소립자의 종류를 소개하는 것에 그치기로 하겠습니다.

한 마디로 우주 관측이라고 해도 여기에는 다양성이 아주 많습니다.

'우주 관측의 현재' 에서는 제가 흥미를 가지고 있는 우주 관측으로 이야기를 좁히려고 합니다.

소립자 연구는 아직 끝난 것이 아닙니다. 이 강연 마지막에서는 소립자와 우주의 관계를 탐구하는, 세계의 여러 연구의 미래에 대해서도 소개하겠습니다.

우선 소립자란 가장 기본적인 구성 입자를 말합니다.

물리학에서는 기본으로 돌아가는 전략이 많은 성공을 거두었습니다. 예를 들어 생물은 단백질, 또는 DNA 등의 물질에 의해 구성되어 있습니다만, 그것을 계속 파고들어 가면 어떻게 될까요? 생물만이 아니라 만물을 구성하는 가장 기본적인 것은 뭘까요? 그것이 바로 소립자라고 하는 것입니다.

그러나 시대의 경과와 함께 소립자의 의미가 바뀌었습니다.

분자로부터 생각해보겠습니다. 예컨대 물 분자의 크기는 대체로 10^{-7}센티미터 정도입니다. 물 분자를 분할하면 산소 원자와 수소 원자, 이렇게 둘로 나뉩니다.

산소 원자는 대체로 10^{-8}센티미터 정도입니다. 산소 원자의 중심에는 원자핵이 있고 그 주위를 전자가 빙빙 돌고 있습니다.

산소 원자는 아주 성긴 공간입니다만, 원자핵은 중성자와 양자가 빽빽이 차 있습니다. 원자핵의 크기는 10^{-12}센티미터 정도라고 합니다.

원자핵에서 양자를 하나 꺼내보겠습니다. 양자는 원자핵의 1/10 정도의 크기로, 10^{-13}센티미터라고 합니다.

이러한 사실은 물론 1960년대에 이미 다 알고 있었습니다. 그러나 그 후 이 양자도 뭔가 좀 더 작은 알갱이로 구성되어 있다는 것을 알게 된 것이지요. 이름이 좀 이상하지만 그것을 쿼크라고 합니다. 이것도 바로 뒤에서 설명하겠습니다.

원자 안에 포함되어 있는, 빙빙 돌고 있는 전자도 사실은 이미 분할할 수 없는 소립자입니다. 어쨌든 전자와 쿼크가 우리 몸을 만들고 있는 기본적인 입자라는 것이 현재까지 알게 된 사실입니다.

아인슈타인의 위대한 업적 중의 하나는, 광전효과에 관한 논문을 통해 빛이 파동임과 동시에 알갱이이기도 하다는 사실을 보여준 것입니다.(149페이지 참조)

그 다음으로 곧바로 극미(極微)의 세계에서는 빛만이 아니라 전자라든가 양자라는 입자도 사실 양면성을 갖고 있어서, 원래는 알갱이인 것이 파동이기도 하다는 것을 알게 되었습니다. 이것이 20세기 최대의 발견입니다. 예를 들어 전자의 파동으로서의 성질을 이용한 전자현미경을 사용하면 빛의 현미경과 마찬가지로 사물을 볼 수가 있습니다.

소립자물리학의 기원 – 양전자의 발견

소립자물리학이 언제 시작되었는가에 대해서는 여러 가지 논의가 있습니다. 그러나 전자의 반입자인 양전자는 1932년에 발견되었습니다. 그 해가 역시 소립자물리학의 개막을 알리는 해였다고 할 수 있습니다.

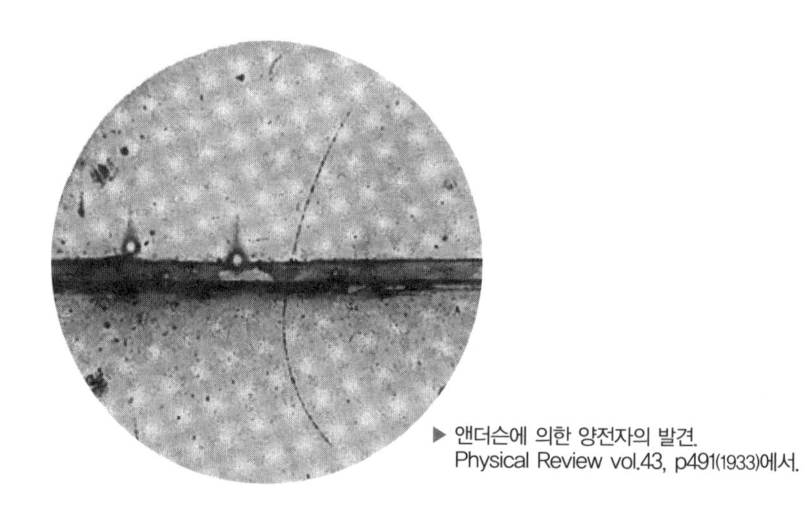

▶ 앤더슨에 의한 양전자의 발견.
Physical Review vol.43, p491(1933)에서.

위의 그림은 1932년에 캘리포니아 공과대학의 앤더슨(Carl David Anderson, 1905–1991)이 안개상자(cloud chamber)*라는 장치로 실험했을

* 대전입자가 지나간 궤적을 물방울이 줄지어 있는 모습을 통해 관찰하는 장치. 우주선(宇宙線) 관측, 핵반응 연구 등에 사용하며, 밀도가 작고 알갱이가 굵은 기체의 입자를 쓰기 때문에 정밀한 실험에는 부적당하다. 소립자물리학의 발달과 더불어 차차 그 사용이 줄어들고 대신 원자핵건판이나 기포상자를 많이 쓰게 되었다.

때 촬영된 사진입니다. 안개상자 안에는 가스가 차 있는데, 전기를 띤 입자가 그 안으로 들어오면 그 궤적이 보이게 되어 있습니다.

이것을 보고 여러분은 어떻게 생각하십니까?

중앙에 6밀리미터의 연판(鉛版)이 있는데, 입자가 그것을 관통하는 것을 알 수 있습니다. 그러나 입자들은 직진하는 것이 아니라 커브를 그리면서 빠져나갑니다. 이것은 안개상자에 걸린 자장의 영향으로 전하를 띤 입자의 운동이 활 모양으로 굽어 있기 때문입니다. 굽어 있는 모양을 보면 연판 아래쪽에서는 굽어 있는 정도가 작고 위쪽에서는 크게 되어 있습니다. 아래에서 입자가 들어와 연판에서 에너지를 잃었기 때문에 굽은 정도가 커진 것으로 보입니다. 자장의 방향으로 볼 때 이것은 플러스 전하를 띠고 있다는 사실도 알

▲ 칼 앤더슨과 그의 안개상자. 앤더슨은 우주선을 연구하다가 이 안개상자의 도움으로 양전자를 발견했다.

수 있습니다.

그리고 궤적의 색 농도를 다른 입자와 비교해보면 마이너스 전하를 띠는 전자와 완전히 동일한 움직임을 보이고 있다는 것도 알았습니다. 다시 말해 이것은 플러스 전하를 띤 전자라고 결론내리지 않을 수 없었습니다. 즉 전자의 반(反)입자라는 것을 발견한 것입니다.

소립자표

다음으로 소립자표를 설명하겠습니다.

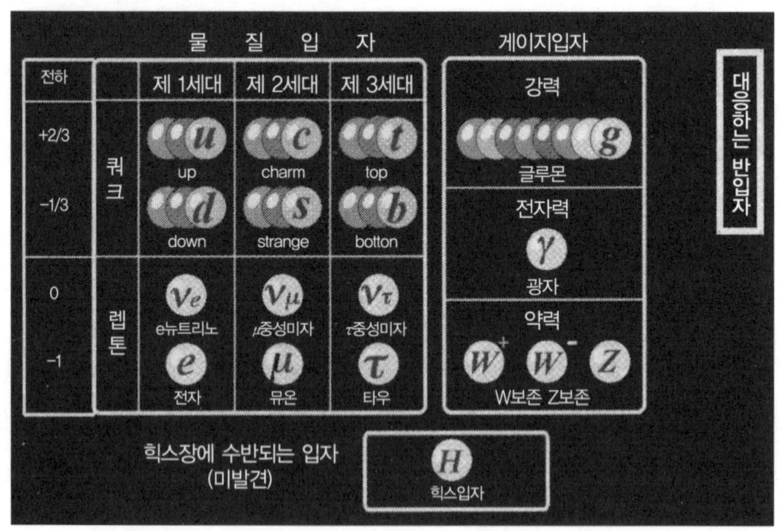

▲ 소립자표

앞에서 전자는 소립자라고 설명했습니다. 전자는 전하를 띠고 있고 그 크기는 굉장히 작아 1.6×10^{-19}클론입니다. 마이너스 전하를 띠고 있기 때문에 이를 마이너스 1단위로 합니다.

양자는 쿼크로 구성되어 있습니다. 좀 더 자세히 설명하자면, 양자는 두 개의 u쿼크와 하나의 d쿼크로 되어 있습니다. 전자의 전하는 마이너스 1이었지만 u쿼크의 전하는 플러스 2/3, d쿼크의 전하는 마이너스 1/3입니다. 따라서 u가 두 개여서 플러스 4/3, d가 하나여서 마이너스 1/3, 이것을 합치면 정확히 플러스 1이 됩니다. 그러므로 예컨대 수소 원자는 양자 플러스 1과 전자 마이너스 1이고, 전하를 띠지 않으며 중성이 되는 것입니다.

또한 전자 e의 동료로, 전하를 띠지 않은 전자 뉴트리노 ν_e가 있습니다.

이들 u, d, e, ν_e라는 네 개의 소립자만으로 이 우주 이야기는 모두 마치겠습니다. 별들을 구성하고 있는 물질도 이 네 가지이고, 태양 안에서 일어나는 반응도 모두 이것으로 설명할 수 있습니다. 우리의 몸도 모두 이것으로 구성되어 있습니다. 그래서 이 네 개의 입자를 가족(family)이라고 합니다.

그런데 최근 연구로 알 게 된 것은, 최근이라고 해도 수십 년이나 걸렸습니다만, 이 패밀리가 세 개가 있다는 것입니다. 1973년에 고바야시 마코토(小林誠) 씨와 마스카와 도시히데(益川敏英) 씨가 3세대 6종류의 쿼크가 존재한다는 것을 이론적으로 예측했습니다.(고바야시 · 마스카와 이론)

▲ 고바야시 마코토(왼쪽)와 마스카와 도시히데(오른쪽). 쿼크가 자연계에 적어도 3세대 이상이 있다는 것을 예언하는 CP대칭성의 파괴의 기원을 발견한 공로로 두사람은 2008년 함께 노벨물리학상 수상.

각 세대에는 기본적으로 무게의 차이밖에 없습니다. 여러 이름이 붙어 있습니다만, 예를 들어 2세대에는 *c*(charm)와 *s*(strange)라는 쿼크, 3세대에는 *t*(top)와 *b*(bottom)라는 쿼크가 있습니다. 이것들도 전부 발견되었습니다.

그것으로부터 전자의 동료로 μ(뮤온)과 τ(타우)이라는 입자가 있고, 그것에 대응하는 뮤뉴트리노, 타우뉴트리노라는 것도 있습니다. 이 입자들은 렙톤(Lepton)이라고 총칭되고 있습니다.

그렇다면 결국 4세대, 5세대도 틀림없이 있을 것으로 생각할 수도 있습니다. 그런데, 최근 연구에서 이것은 3세대밖에 없다는 사실을 알게 되었습니다. 따라서 현재 소립자물리학의 가장 큰 문제는 "왜 3세대에서 끝나는가?" 인 것입니다. 그건 그렇다 치고, 여기서는 더 이상 설명하지는 않겠습니다.

앞의 표에 등장한 소립자 이외에는 힘을 매개하는 게이지입자라는 것도 있습니다. 힘에는 중력과 강력과 전자기력과 약력, 이렇게 네 종류가 있습니다. 각각에 대응한 게이지입자라는, 힘을 매개하는 입자가 있다는 것을 기억해두세요. 전자기력은 빛이 매개합니다. 그 게이지입자를 광자라고 하는데 그것만은 기억해두시기 바랍니다.

전자에 대응하는 반입자인 양전자가 존재한다는 것을 설명했습니다만, *u*쿼크에 대해서도, 반*u*쿼크라는 반입자가 존재합니다. 우선은 그러한 쿼크와 렙톤이라는 무리가 있다는 것만 기억해두십시오. 이곳 KEK에서 연구하고 있는 것은 바로 이들 소립자가 어떻게 반응하는가, 하는 것입니다.

질량이란 무엇인가

그런데 뉴트리노는 지금까지 질량이 제로라고 생각되었습니다. 그러나 슈퍼카미오칸데에서 '뉴트리노 진동' 이라는 현상을 관측함으로써 뉴트리노에도 질량이 있다는 것을 알아냈습니다. 1998년의 일입니다.

▲ 2004년 슈퍼카미오칸데 국제공동연구에 참가한 각국 연구자들과 저자.

그 당시 저는 슈퍼카미오칸데의 현장에 있었습니다. 생각해보면 벌써 7년이나 되었습니다.

제가 소중하게 기억하는 사진 가운데는 카미오카에서 젊은이들과 함께 찍은 사진이 한 장 있습니다. 제가 실험 현장 한가운데에 있는데, 일본인과 미국인이 섞여 있는 모습을 찍은 사진입니다. 일본인과 미국인이 자연스럽게 나뉘어 오른쪽으로 옮겨가거나, 왼쪽으로 옮겨갔기 때문에 뉴트리노 진동 같게 되었습니다만, 이런 즐거운 때도 있었습니다.

여러분, 기억하고 있습니까? 소립자에는 세대라는 게 있습니다. 1세대, 2세대, 3세대라고 하는 것 말입니다.

$E = mc^2$이라는 아인슈타인의 식을 사용해 질량을 에너지로 나타내면 d쿼크, u쿼크, c쿼크, s쿼크, t쿼크, b쿼크의 순서로 질량이 커집니다. 전자, 뮤온, 타우(tau) 역시 이 순서로 커집니다. 이러한 질량은 모두 측정되

었습니다.

최근 뉴트리노 진동에 대한 연구로부터 아직 완전히는 아니지만 뉴트리노의 질량이 상당히 가볍다는 것을 알게 되었습니다.

금세 떠오르는 의문은 "뉴트리노는 왜 이렇게 가벼울까?"라는 것입니다. 일본에는 야나기다 쓰토무(柳田勉, 1949~) 씨라는 머리 좋은 이론가가 있는데, 그는 시소 기구라는 것을 생각해냈습니다. 뉴트리노의 질량이 엄청나게 가벼운 이유는 시소 기구에 의해 설명할 수 있다는 겁니다. 아무래도 중력을 빼고 강력, 전자기력, 약력이 통일될 정도의 높은 에너지 상태의 이론인 대통일이론과 관계가 있는 것 같습니다.

자세히 설명하지는 않겠습니다만, 대통일이론에서 나오는 직접적인 예언은 양자 붕괴입니다. 이것도 나중에 잠깐 언급하겠습니다.

그런데 소립자의 질량을 모두 알고 나니, 애초에 "질량이라는 것은 무엇인가?"라는 의문이 듭니다. "이를 이론적으로 계산할 수 있는 걸까?"라는 의문도 생깁니다.

▲ 피터 힉스.

이것이 현재의 소립자물리학에서 가장 어려운 부분입니다.

영국의 이론물리학자인 힉스(Peter Higgs)씨는 질량을 설명하는 이론을 "하나 발견했다"고 발표했습니다. 그것이 힉스이론입니다. 뭔가 이론이 있으면 반드시 예언이 있습니다. 힉스 씨는 힉스입자라는 것이 있다고 예언했습니다. 그러므로 이를 발견하라는 것이었습니다.

현재까지 전 세계의 연구를 통해서도 아직 발견되지 않았습니다만, 만약 있다고 한다면 그 질량은 양자 질량의 140배에서 260배 정도일 것입니다. 그러므로 어떻게든 이를 발견하고 싶은 것이 현재 소립자물리학의 바람입니다.

빅뱅 우주론

이제부터 '우주 관측의 미래'에 대해 이야기하겠습니다.

하지만 저는 우주 관측의 전문가가 아니기 때문에 다른 사람의 연구를 소개하겠습니다. 우선 첫 이야기로, 빅뱅 모델이라는 게 있다는 걸 아실 겁니다.(193페이지 참조)

먼저, 시간이 아래에서부터 위로 나아간다고 합시다. 우리는 위쪽 끝에 있는 셈인데, 빅뱅이라는 것은 언제 일어났을까요? 현재까지의 추정으로는 137억 년 전에 일어났다고 알고 있습니다. 수년 전까지는 100억

▲ 스티븐 와인버그와 그가 쓴 책 『최초의 3분』.

년에서 150억 년 사이의 언제라도 좋다는 식으로 말했습니다. 그러나 지금은 그 정밀도가 오차 2억 년 범위인 상태로 알고 있는 것입니다. 놀랄 만한 일입니다.

그런데 빅뱅 후에 무슨 일이 일어났을까요? 와인버그(Steven Weinberg, 1933~)의 『최초의 3분』(The First Three Minutes, 1977)*이라는 유명한 책이 있는데, 그때까지는 양자와 중성자가 흩어져 있을 뿐이었지만 약 3분 후에 헬륨이라는 원자핵이 만들어졌다는 이야기가 거기 나옵니다. 실제로 헬륨이 우주 초기에 만들어졌다는 증거는 충분히 있습니다. 정확히 3

* 스티븐 와인버그, 신상진 옮김, 『최초의 3분』, 양문, 2005.

분인지 어떤지는 모릅니다만, 우주의 초기에 헬륨이 만들어졌다는 것은 확실합니다.

그리고 우주가 팽창해가는 것인데, 팽창하여 온도가 내려가 우주의 온도가 수천 도, 대체로 태양의 표면 온도 정도로 내려가면 사실 원자핵에 전자가 빙빙 휘감겨 원자가 되는 것입니다.

원자가 되자 무슨 일이 일어났을까요? 사실 원자는 약한 빛과는 반응하지 않기 때문에 빛이 휙 하고 우주 전체를 빠져나가게 됩니다. 이를 '우주의 맑게 갬' 이라고 합니다. 이것이 일어난 것은 빅뱅으로부터 37.9만 년 후(오차 0.8만 년)입니다.

WMAP

왜 이렇게 상세하게 알 수 있는지가 경이로울 뿐인데, 사실 이런 시간적인 데이터를 낸 것은 미국의 WMAP(Wilkinson Microwave Anisotropy Probe, 윌킨슨 극초단파 탐사선)이라는 위성입니다. 이 탐사선이 운용되기 시작한 것은 2001년이었습니다.

이 위성은 달보다 훨씬 먼, 지구에서 150만 킬로미터나 떨어진 데를 돌고 있습니다. 우주를 주시하며 우주 안에 있는 극초단파를 관측하고 있는 것입니다.

이 극초단파를 우주배경복사라고 합니다.

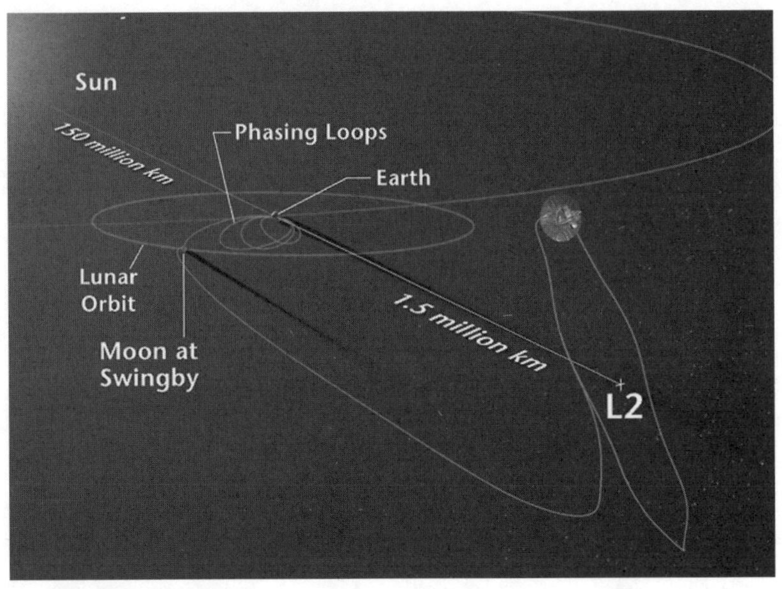

▲ WMAP의 궤도와 활동범위.

우주배경복사라는 것은 절대온도로 2.7도의 흑체로부터 나오는 전자파와 같지만, WMAP이 발견한 것은 얼룩덜룩 온도가 일정하지 않다는 것입니다. 하얀 곳이 온도가 높고 검은 곳은 온도가 낮은데, 그 차는 기껏해야 μK(마이크로켈빈)입니다. 100만 분의 1도의 단위입니다. 이 정도의 온도 차이를 정밀하게 측정한 것입니다.

이것만으로 감동하면 곤란합니다. 이 데이터를 수식으로 사용해서 분석할 수 있습니다. 그것이 다음 페이지의 그래프입니다. 검은 점이 실측치입니다. 그것에 비해 곡선이 빅뱅 모델로부터 기대되는 예언을 그린 것

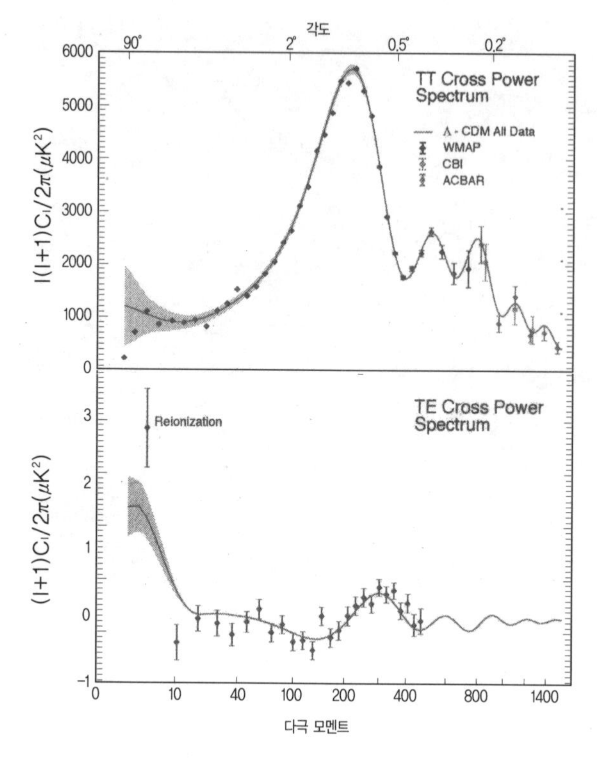

▲ WMAP에 의해 얻은 온도가 불안정한 스펙트럼.

입니다. 놀랄 만한 정밀도로 일치하고 있습니다. 오차를 그릴 수 없을 정도의 정밀도입니다. 여기에서 우주의 연령이라든가, 우주가 맑게 갠 시기라든가, 그 모든 것을 알게 된 것입니다.

암흑물질, 암흑에너지

우주에는 물론 물질이 있습니다. 그 물질을, $E = mc^2$을 사용해 에너지로 바꿔보면 우주 전체에 어떤 에너지가 얼마만큼 있는가를 비교할 수 있습니다. 지금까지 WMAP에 의해 꽤 상세한 것을 알게 되었습니다.

예컨대 우리의 몸을 만들거나 별을 구성하는 물질은 우주 전체의 에너지 중에서 단 0.5퍼센트밖에 안 됩니다. 대부분이 가스라든가 블랙홀이라든가, 뭔가 영문을 알 수 없는 것들로 되어 있습니다. 뉴트리노는 질량이 적어서 전체에 대한 기여는 적습니다만, 이것들을 포함해도 전체의 4퍼센트 정도에 지나지 않습니다.

그럼 나머지 96퍼센트는 대체 뭘까요? 먼저 암흑물질(暗黑物質, dark matter)이라는 빛나지 않는 물질이 22퍼센트입니다. 이것은 쿼크나 렙톤으로 된 물질과는 다른 물질입니다. 그러므로 우리가 다루어야 할 대상은 우선 암흑물질입니다. 우주에는 미지의 물질이, 중량으로 보아 수소의 10배 가까이 있다는 것입니다. 이것은 쿼크나 렙톤 같은, 빛나는 물질

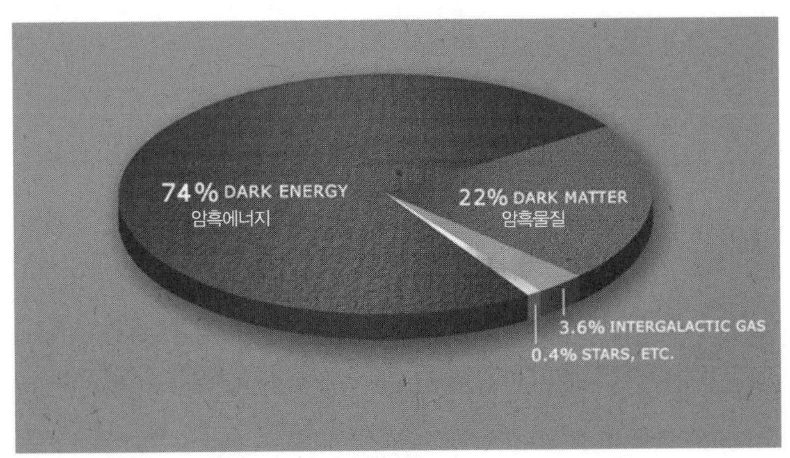

▲ 우주의 대부분을 차지하는 암흑물질과 암흑에너지.

이 아닙니다. 이것이 중요합니다.

그리고 더욱 놀란 것은 물질도 아닌, 뭔가 자욱한 에너지가 74퍼센트가 있다는 사실입니다.

그러나 그 이상은 지금까지의 우주에 대한 관측으로는 알 수 없습니다. 여기에 우주 관측의 한계가 있는 셈입니다. 그리고 그때가 우리가 나갈 차례입니다. 암흑물질은 빅뱅으로 만들어졌고 우주가 팽창할 때 남겨진 미지의 소립자일 것이라고 생각되고 있습니다. 이런 가정을 두고 탐구해보면 되는 것입니다. 몇 가지 후보가 있습니다만, 아마 초대칭성 입자라는 상당히 무거운 입자가 아닐까 하는 예상을 하고 있습니다.

그렇다면 실제로 이것을 발견하면 되지 않느냐고 생각할 겁니다. 이것이 바로 소립자물리학자가 앞으로 하려고 하는 커다란 임무입니다.

더욱 놀라운 관측이 있습니다. I형의 초신성을 관측함으로써 알게 된 것인데, 아무래도 우주의 팽창은 가속화되고 있는 것 같다는 것입니다. 원래라면 감속하고 있을 텐데도 우주의 팽창은 가속화되고 있습니다. 이런 뜻밖의 사실을 알게 된 것입니다.

반물질은 왜 없는가

또 하나, 무척 간단한 것인데 설명하지 않으면 안 됩니다. 그것은 우주 안에 반물질(反物質, antimatter)이 있을까, 하는 것입니다.

▲ 안드레이 사하로프(왼쪽)와 성페테르스부르그 대학에 서있는 사하로프 조각상(오른쪽). 팔이 뒤로 묶인 죄수의 모습이다.

소립자의 궤도 방정식이라는 것이 있는데, 사실 이것이 입자와 반입자이고, 같은 방정식이 됩니다. 같은 운동을 한다는 것입니다. 따라서 빅뱅으로 물질이 만들어졌다고 한다면, 반물질도 같은 양만큼 만들어졌어야 합니다.

그런데 만약 같은 양의 물질과 반물질이 있다면 우주가 팽창하는 과정에서 서로 부딪칠 것이고, 그렇다면 그것들이 플러스와 마이너스니까 소멸해버립니다. 그러므로 몽땅 사라져서 현재의 우주에는 아무것도 남아 있는 않아야 합니다. 그런데 우리는 존재합니다. 그래서 곤란한 겁니다.

지금까지의 우주 관측에 따르면, 우주에는 물질은 있지만 반물질은 굉장히 적습니다. 왜일까요?

구소련의 이론물리학자 사하로프(Andrei Dimitrievich Sakharov, 1921~1989)* 씨는, 빅뱅 직후에 다음 세 가지 원칙이 있다면 그것을 설명할 수 있다는 사실을 보여주었습니다.

첫 번째는, 입자와 반입자의 반응에 작은 차이가 있지 않으면 안 된다는 것입니다. 이것이 'CP대칭성의 파괴' 인데, 바로 이곳 KEK에서 발견한 것입니다.

두 번째는, 우주의 초기에 쿼크의 수가 변화하는 반응이 없으면 안 된다는 것입니다. 이것이 '바리온수(baryon number) 비보존' 이라는 어려운 말입니다. 이것은 직접적으로 양자 붕괴와 관계됩니다.

세 번째는, 우주의 팽창 속도가 엄청나게 클 필요가 있다는 것입니다. 그런데 이것은 일단 무시해주시기 바랍니다.

요컨대 이 세 가지는 바로 소립자의 기본적인 반응에 관한 아주 중요한 조건입니다. 좀 더 설명하겠습니다.

우선 빅뱅 후의 엄청난 고온 상태에서 있었던 대통일 시대를 생각합니

* 소련의 물리학자이자 인권 운동가. 1950년에 열핵반응 이론을 발표하여 소련의 '수폭(水爆)의 아버지' 로 불린다. 1953년에 정부에 지적 자유를 요구하고, 1970년에는 민주화 요구론을 발표하는 등 반체제 저항운동을 했다. 1975년에 노벨 평화상을 받았다.

다. 게이지입자라는 것이 있는데 이것은 무척 무거운 것입니다. 예를 들어 양자 질량의 10^{16}배쯤 됩니다.

게이지입자는 쌍으로 생겨납니다. 예컨대 게이지입자인 x입자가 생겨날 때는 그것과 동시에 반 x입자가 생겨나는 것입니다.

한편 '바리온수 비보존' 이란, 이 x입자는 무거우니까 쿼크로 부서집니다. 그때 쿼크, 반쿼크로 부서지는 것이 아니라 쿼크와 쿼크로 묶일 때가 있습니다. 부서지기 전의 상태에서는 쿼크가 존재하지 않았습니다. 그런데 부서진 후에는 쿼크가 두 개 존재합니다. 다시 말해 쿼크의 수가 +2가 되는 겁니다. 쿼크의 탄생인 셈입니다. 이것도 대통일이론(grand unified theory)인데, 이러한 반응이 존재한다고 생각되고 있습니다.

그렇다면 'CP대칭성의 파괴' 는 뭘까요? 예를 들어 x입자가 2개의 쿼크로 부서지면 반 x입자는 당연히 2개의 반쿼크로 부서집니다. 보통이라면 x입자와 반 x입자의 반응은 거울의 관계가 되기 때문에 같은 비율로 일어날 것입니다. 그러나 x입자의 반응이 좀 더 반응 수가 클 가능성이 있습니다. 이것이 'CP대칭성의 파괴' 입니다. 그렇다면 어느 정도 크면 될까요? 쿼크와 반쿼크 수의 차가 약 100억 분의 3정도 되면 됩니다. 그렇게 되면 현재의 우주를 설명할 수 있게 됩니다. 쿼크가 3세대 6종류가 있으면 'CP대칭성의 파괴' 를 설명할 수 있다는 것을 보여준 것이 '고바야시 · 마스카와 이론' 입니다.

최종적으로는 이 두 쿼크와 두 반쿼크는 소멸합니다만 쿼크가 살짝 많습니다. 그 부분이 남아 지금 우리의 몸을 만들고 있습니다. 이런 시나리오를 그릴 수 있는 것입니다.

소립자물리학의 미래

이렇게 되면 아무래도 "이거, 진짜일까?" 하는 생각이 들 겁니다. 그러므로 이제 우리가 해야 하는 것은 뉴트리노와 관련된 것으로, 점차 의문스러워진 질량의 기원에 대한 탐구입니다. 그것을 위해 반드시 힉스입자라는 것을 직접 만들어 그 성질을 자세히 보자는 것입니다.

그리고 뉴트리노에서 CP대칭성의 파괴라는 것에 대해서도 아마 앞으로 연구를 진행할 필요가 있을 겁니다. 요컨대 지금까지 쿼크에서 CP대칭성의 파괴가 존재한다는 것은 알았습니다. KEK에서도 확인할 수 있었습니다. 그러나 쿼크에서 있다면 렙톤에서도 없으면 안 될 것입니다. 이것이 앞으로의 과제가 될 것입니다.

조금 전에 말한 것처럼 암흑물질의 후보인 초대칭성 입자도 발견하고 싶습니다. 양자 질량의 수백 배나 될 거라고 합니다만, 그것을 직접 만들어서 그 성질을 연구하고 싶습니다.

그리고 사하로프의 3원칙 가운데 하나인 '바리온수 비보존'은 양자 붕괴를 예언하기 때문에 그것을 찾아내고 싶습니다.

또 하나, 암흑에너지는 대체 뭘까 하는 것인데, 지금으로서는 전혀 알 수 없습니다. 그러나 아마 이것도 소립자물리학과 관련된 것일 겁니다. 이 부분에 대해서도 연구하지 않으면 안 됩니다. 따라서 소립자물리학은 해야 할 일이 아직도 잔뜩 남아 있는 셈입니다.

J-PARC와 하이퍼카미오칸데

현재 세계에서 어떤 움직임이 있는지를 약간 소개하고자 합니다. 뉴트리노에 관해서는 조금 전에 뉴트리노의 CP대칭성의 파괴는 반드시 측정하지 않으면 안 된다고 말했습니다. 현재 세계에서 뉴트리노 연구가 가장 앞선 곳은 일본입니다.

지금 KEK는 일본원자력연구개발기구와 공동으로 도카이무라(東海村)에 J-PARC라는 거대한 가속기를 건설하고 있습니다. J-PARC에서는 현재 KEK에서 만들어지는 뉴트리노보다 100배나 강한 뉴트리노 빔을 만들 수 있습니다. 그 빔을 슈퍼카미오칸데 쪽으로 발사하는 실험이 2009년부터 시작될 예정입니다.

뉴트리노의 CP대칭성의 파괴는, 앞으로 기구의 성능을 향상시켜 나가면서 결과를 낼 때까지는 15년에서 20년쯤 걸릴 겁니다. 그러므로 그때 저는 살아 있지 않겠지만, 젊은 여러분들이 이것을 해주기를 바랍니다. 우선 바라는 것 한 가지는 이것입니다.

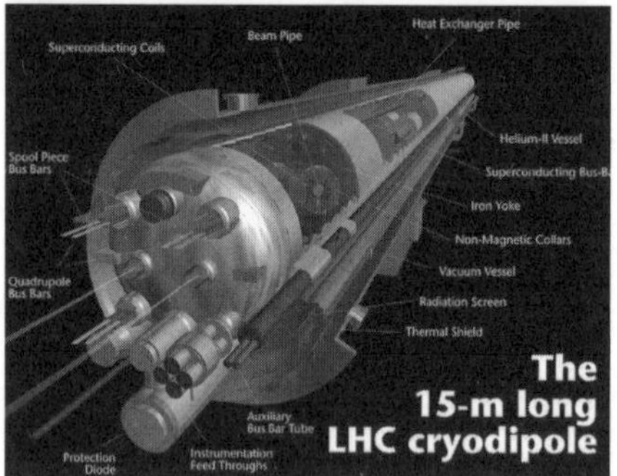

▲ 스위스에 있는 대형하드론충돌형가속기(LHC).

그리고 힉스입자나 초대칭성 입자는 아주 무거운 입자이기 때문에, 좀 더 큰 가속기가 필요합니다. 현재 스위스의 제네바 교외에 건설 중인 것이 양자와 양자를 정면으로 충돌시키는 대형하드론충돌형가속기(LHC)라는 가속기입니다(2008년 9월부터 시동). 유럽원자핵공동연구소(CERN)라는 곳에 있습니다. 지하에 주변 길이 27킬로미터의 터널이 있는데, 그곳에서 건설이 진행되고 있습니다. 정확히 야마노테(山手) 선*의 80퍼센트 정도의 길이입니다.

저는 아직 그 현장에 가보지 못했습니다만, 그곳에는 토관(土管)이 쭉 늘어서 있습니다. 토관의 주위

* 도쿄 시내의 전철 노선으로 서울의 2호선처럼 순환선이다. 일주하면 그 거리는 34.5킬로미터 정도다.

를 절대온도 4도의 액체 헬륨과 초전도의 전자석이 둘러싸고 있습니다.

그 안을 양자끼리 서로 역방향으로 달리게 해서 어느 시점에서 정면으로 충돌시키는 것입니다. 그 빔의 에너지가 7테라전자볼트입니다. 7테라전자볼트와 7테라전자볼트의 양자를 정면으로 충돌시키는 것입니다. 이렇게 하면 힉스입자는 확실히 잡힐 것입니다. 아마 초대칭입자도 잡힐 것입니다. 이제 양자와 양자를 충돌시키는 LHC는, 그 이상의 것을 만들려는 마음이 생기지 않을 만큼 세계 최고의 것입니다.

하지만 아무래도 양자 · 양자만으로는 안 된다는 사실 역시 알고 있습니다. 전자와 양전자를 충돌시키는 장치도 꼭 필요한 것입니다. 이것은 타원의 가속기로는 무리입니다. 그래서 정면 충돌기라는 의미에서 리니어콜라이더(linear collider, 선형충돌장치)라고 합니다만, 이것을 현재 전 세계의 연구자가 합동으로 만들자고 해서 시험개발 연구를 하고 있습니다. KEK에서도 하고 있으므로 꼭 지켜봐주시기 바랍니다.

전장(全長) 45킬로미터에서 50킬로미터나 됩니다. 정면충돌 장치로, 빔이 부딪칠 때는 높이가 단 5나노미터입니다. 5나노미터와 5나노미터를 부딪치게 해야 합니다. 이 부분의 제어가 어렵습니다. 저는 가속기 전문가가 아니라서 상상을 초월한 일입니다만, 전문가들은 '가능하다' 고 합니다. 이것도 2010년대에는 반드시 만들겠다는 것이 연구자들의 희망입니다.

예를 들어 전자와 양전자가 충돌하면 힉스입자와 약한 상호작용의 위크보존인 z입자가 생깁니다. 이 리니어콜라이더에서는 그 반응이 깨끗하게 보일 것입니다. z라는 입자는 순식간에 뮤온 2개로 깨지고, 힉스입자는 보텀 쿼크와 반보텀 쿼크로 깨집니다. 그 모습이 보일 것입니다.

LHC의 양자 · 양자 충돌 실험에서 힉스입자나 초대칭성입자를 발견할 수는 있어도, 매우 정밀한 연구가 되기 위해서는 사실 전자 · 양전자가 아니면 불가능하다는 것입니다. 이것은 역사가 보여주고 있습니다. 그러므로 리니어콜라이더가 없으면 도저히 알 수 없을 거라는 것입니다.

그러나 양자 붕괴는 어떻게 해야 발견될 수 있을까요? 지금까지 우리도 부지런히 찾고 있습니다만 아직 발견하지 못했습니다. 이제는 그것을 찾는 것 이외에 방법이 없습니다. 그런데 찾을 때는 양자 붕괴의 원천인 양자를 어쨌든 많이 가져와야 합니다.

지금의 슈퍼카미오칸데의 크기는 5만 톤입니다. 그러나 5만 톤으로는 적습니다. 아직 구상 단계인데, 100만 톤의 장치(하이퍼카미오칸데)를 하나 생각하면 어떨까요? 대체로 지름 50미터, 길이가 아마 250미터 정도의 실린더를 두 개 만듭니다. 그렇게 하면 대략 100만 톤 정도가 됩니다. 물론 검출기(첼렌코프광검출기)도 상당히 고성능의 것을 개발해야 합니다. 일본에서는 좀처럼 여력이 없습니다만, 프랑스 등 유럽이 꽤 흥미를 갖고 있습니다.

앞으로 아마 20년에서 30년쯤 걸릴 것으로 보입니다만, 우주와 소립자의 관계에 대해 아마 많은 것을 알게 될 것입니다.

연구의 묘미

마지막으로 미국의 이론물리학자 존 바콜(John Bahcall)의 말을 소개하고자 합니다. 그는 2주쯤 전에 세상을 떠났습니다만(2005년 8월 17일 사망), 소립자에 대해서도 굉장히 많이 아는 사람이었습니다. 슈퍼카미오칸데에서 여러 가지 실험 관측, 특히 태양 뉴트리노 문제에 대한 관측을 하고 있을 때 이론가인 그에게 우리의 데이터를 건네자 무척 유익한 제안을 해주었습니다. 그와는 오랫동안 함께 일을 해온 사이였습니다.

존 바콜은 허블우주망원경의 추진자입니다. 그가 없었다면 아마 허블우주만원경은 만들어지지 않았을 겁니다.

그가 꽤 괜찮을 말을 했습니다. 일본어로 번역하는 것은 성가신데, 고등학생의 영어 번역 문제로는 무척 좋은 문장일 겁니다.

We often frame our understanding of what the Space Telescope will do in terms of what we expect to find, and actually it would be terribly anticlimactic if in fact we found what we expect to find.

우리는 무엇을 발견하기를 바라는가 하는 관점에만 우주망원경이 무엇을 할 수 있는가에 대한 생각을 한정시키곤 합니다. 그러나 실제로 우리가 찾기 바라는 것을 찾아버린다면 정말로 맥 빠지는 일이 될 것입니다.

요컨대 이런 것입니다. 그는 자주 "우주망원경으로 뭘 할 수 있습니까?"라는 질문을 받습니다. 그때 다들 "what we expect to find", 즉 "무엇을 관측할 수 있을까"라는 식으로 묻습니다. 그러나 만약 가능할 것 같다고 생각되는 것을 발견할 뿐이라면 'anticlimactic'(맥 빠지는 일)이라는 것입니다. 요컨대 전혀 재미없다는 것입니다.

예상하지 못한 것을 발견하는 것이 과학이라고 말하고 있는 것입니다. 똑같은 내용을 다른 말로 이렇게 쓰기도 했습니다.

The most important discoveries will provide answers to questions that we do not yet know how to ask...
가장 중요한 발견이란 우리가 지금껏 어떻게 물어야 하는지를 몰랐던 질문들에 해답을 제공해줄 것이다.

어떻게 질문해야 좋을지 모르는 발견이 아니면 재미없지 않을까요? "우주를 안다"라고 말한다면 그것은 더 이상 재미가 없습니다.

그리고 이렇게 말을 잇습니다.

and will concern objects we have not yet imagined.
그리고 우리가 지금껏 상상하지 못했던 것들을 생각해볼 것이다.

요컨대 상상도 하지 못한 대상물을 관측하는 것이야말로 발견의 묘미라는 것입니다.

기초 연구는 이러한 입장에서 진행되어야 합니다. 이 말을 마지막 잔소리로 하면서 저의 강연을 마치도록 하겠습니다. 정말 감사합니다.

3부

마지막 인터뷰

과학,
미지의 진리를 향한 간절한 열정

* 이 인터뷰는 2008년 6월 25일 도쓰카 교수의 자택에서 이루어진 것이다. 그때 그 자리엔 부인인 히로코 씨도 자리를 함께했다. 도쓰카 교수는 이 인터뷰를 한 일주일 후인 7월 2일에 입원하여 7월 10일에 세상을 떠났다. 히로코 씨에 따르면 인터뷰가 끝나고 사람들이 떠난 뒤 교수는 "즐거웠어"라고 말했다 한다. 임종을 앞둔 시점에서, 그리고 무슨 일이 일어날지 모르는 상황에서 두 시간에 걸쳐 자신의 인생과 사랑, 연구와 꿈을 이야기한 이 인터뷰는 지상에서 그의 마지막 인터뷰가 되었다.
이 인터뷰에 참여한 사람은 미도리 신야(緑慎也), 이와사키 요헤이(岩崎陽平), 에이다 야스타카(榮田康孝)였다. 이들은 각각 도쿄대학 교양학부 다치바나 다카시(立花隆)* 세미나 1 · 2 · 3기생이다.(기록은 미도리 신야가 맡았다.)

---

* 『나는 이런 책을 읽어왔다』, 『사색기행』, 『뇌를 단련하다』 등 20여 권의 저서가 번역되어 우리에게도 이미 친숙한 이름이 된 그 다치바나 다카시를 말한다.

과학, 미지의 진리를 향한 간절한 열정

스물세 살의 생일

스물세 살의 생일? 기억나지 않아요. 스물세 살이라 ……. 상당히 격동의 시대였지요, 우리가 스물세 살 되던 무렵은.

대학에 입한 건 1960년, 안보의 해*였어요. 동급생 중에는 야마모토 요시타카(山本義隆)**라든가 굉장한 인물도 있었지만, 저는 정치운동에 관심이 없는 전형적인 학생이었어요.

* 1960년 일본이 미국 주도의 냉전에 가담하는 미일상호방위조약 개정에 반대하여 일어난 시민 주도의 대규모 평화운동.

** 과학사가. 1960년대 학생운동이 활발했을 때 도쿄대학 전공투 의장이었다. 1969년 야스다(安田) 강당 사건으로 경찰의 지명수배를 받아 지하로 잠복하지만, 그해 9월 전국전공투연합(全國全共闘連合) 결성 대회 회장에서 경찰에 체포되었다. 니혼(日本)대학 전공투 의장이었던 아키타 아케히로(秋田明大)와 함께 전공투를 상징하는 존재였다.

그래도 데모에는 두세 번 참가했어요. 국회로 쳐들어갈 때도 현장에 있었으니까요. 하지만 이건 도저히 학생이 감당할 수 없는 게 아닌가 하는 느낌이 들었어요. 정치에 관심이 없는 대부분의 사람들도 그렇게 생각하지 않았나 싶어요. 인생을 걸 만한 일이라고도 생각되지 않았어요.

놀랐지요. 대학에 들어가자마자 느닷없이 동맹파업이었으니까요. 수업거부란 뭔가, 하는 생각을 했어요. 요즘 젊은 사람들은 어떻게 생각할까요? 저에게 청춘이란 대학에 들어간 1960년부터 1972년, 즉 대학원을 졸업한 해까지가 아닐까 싶어요.

저한테는 대충대충 하는 점이 있어요. 후지고등학교(시즈오카 현립 후지고등학교)의 학생이었을 때, 이 성적으로는 이과1(도쿄대학 교양학부 이과 1류)에 들어갈 수 없을 거라고 생각했어요. 그래도 어쨌든 도쿄대학에 들어가기 위해 과감히 이과2에 들어갈 생각을 했어요. 전공을 정할 때(입학하면 모두 교양학부에 소속되고, 3학년이 되면 교양학부의 성적을 기준으로 전공을 정한다) 물리학과에 들어가면 된다고 생각한 것이지요.

그래서 이과2에 들어갔어요.

고마바* 학생기숙사에 들어가기 위해 처음에는 고등학교 때 조금 배웠던 검도부에 들어가려고 생각했어요.(당시에는 운동부별로 고마바 학생기숙사의 방이 할당되고 있었다.) 검도는 왠지 고상한 느낌이 들잖아요. 그래

* 도쿄대학 교양학부가 있는 곳. 일반적으로 도쿄대라고 하면 혼고(本鄕)에 있는 캠퍼스를 말한다.

도 고마바 학생기숙사에는 들어갈 수 없었어요. 그 대신 시즈오카 현에서 만든 현 기숙사에 들어갔어요. 그렇다면 한바탕 놀아볼까, 하고 가라테부에 들어갔지요. 그랬다가 완전히 가라테에 빠져버린 거지요.

하지만 공부는 열심히 했어요. 전공을 정할 때 점수가 높은 물리학부 물리학과에 들어가기 위해 1, 2학년 때는 정말 열심히 공부했어요. 철학이라든가, 생물 같은 것도 정말 열심히 했지요. 재미있었어요. 하지만 후회되는 건 역사 공부를 좀 더 했으면 좋았을 걸, 하는 거예요. 슬라이드를 이용해서 재미있는 수업을 하는 아주 고명한 선생님이 한 분 계셨는데. 그 선생님의 수업을 성실히 듣지 않은 게 아쉬워요. 아마 기마민족설을 제창했던 에가미 나미오(江上波夫, 1906~2002)* 선생님이었을 거예요.

지금 생각하면 당시에는 가라테부에서 마구 날뛰었지만, 의외로 동아리 활동과 학문 모두를 용케 해냈구나 하는 생각이 들어요. 다만 그것도 혼고(本鄕) 캠퍼스(전공 과정)로 가기 전까지지만요. 전공이 물리로 정해지고부터는 놀았던 것 같아요. 학문과는 완전히 동떨어진 생활을 했지요, 하하하. 학자가 될 생각은 있었지만, 그것을 위해 필요한 스케줄은 무시하고 학부생 시절을 보낸 거지요.

아까 스물세 살이 된 생일을 기억하지 못한다고 했는데, 그날은 아마 어딘가에서 마작을 했을 거예요. 저의 생일은 3월 6일인데, 그 무렵에는

* 일본의 고고학자. 동북아시아의 기마민족이 일본 황실의 기원이라는 기마민족정복왕조설(騎馬民族征服王朝說)을 발표해 천황 체제 중심의 역사관으로 무장되어 있던 당시의 사회와 학계에 큰 충격을 주었다.

▲ 가라테 도복을 입은 저자.

이미 전공도 정해져서 물리학과로 가기로 확정된 시기였으니까요.

이학부 물리학과는 당시 가장 인기 있는 학부 아니었습니까?

그랬지요. 원래 전공을 정할 때 점수가 가장 높은 학부였지만, 마침 제가 진학한 해에는 이과 2류에서 물리학과로 갈 때의 점수가 낮았어요. 그래서 들어갈 수 있었던 거지요. 교묘한 일이지요. 요령이 좋았나(웃음). 3학년, 4학년, 그리고 낙제를 했으니까 5학년 때는 전혀 공부를 하지 않았어요. 아침에 학교에 가면 먼저 동아리방으로 직행하고, 저녁때부터는 마작(웃음), 그런 생활의 연속이었지요.

좀 더 제대로 공부를 했으면 좋았을 걸, 그 무렵에는 제대로 하지 않은 것이 저의 연구 인생에서 내내 오점으로 남아 있어요. 힘들었어요, 나중에는. 기초가 없었으니까요.

만회하는 데 힘들었나요?

아니, 결국 만회하지 못했어요. 그러니까 지금, 죽기 직전까지 다시 한 번 공부하고 싶다는 생각을 해요.(웃음)

여러분에게 말하고 싶은 것은, 역시 우수한 선생님들이 계시니까 아무쪼록 학부 시절에는 착실히 배워두는 게 좋다는 거예요. 그렇게 하지 않으면 아까우니까요. 그걸 알았을 때는 이미 늦어요. 하지만 저는 어떻게든 학문을 하고 싶다고 생각했어요. 1965년 대학원 시험에서 고시바 마사토시(小柴昌俊, 1926~)* 선생님이 거둬줘서, 제 인생은 크게 바뀌었어요.

물리학 연구자를 목표로 한 이유

공부도 하지 않았는데 어떻게 대학원에 들어갈 수 있었을까? 그게 말이에요, 들어갈 수 있었어요.(웃음)

당시에는 면접 때 속일 수 있었거든요. 필기시험은 아주 엉망이었지만요.

대학원에서 첫 2년간은 심판원을 하면서 가라테부 후배들 뒷바라지를 하고 있었어요. 하지만 대학원에 들어가면 연구와 병행할 수 없으니까 가라테는 그만두고 인생을 개척하는 쪽으로 전환한 거지요. 역시 연구에는 아침부터 밤까지 시간을 빼앗기니까 병행하는 건 무리지요. 특히 능력이 없는 사람은 시간으로 승부할 수밖에 없거든요.

제일선에서 활약하는 연구자 중에는 "나는 시간으로 승부한다"고 말하는 사람이 많습니다.

* 일본의 물리학자. 소립자물리학, 우주선물리학 등의 분야에서 큰 업적을 남겼다. 도쿄 대학 이학부 물리학과를 졸업한 후, 로체스터 대학 대학원 과정을 마쳤다. 천체물리학, 특히 우주 뉴트리노 검출에 대한 선구적 공로를 인정받아 2002년에 노벨 물리학상을 받았다.

▲ 인터뷰에 응하고 있는 도쓰카 교수.

기를 쓰고 말이지요, 저도 그런 연구생활을 해왔어요.

얼마 전 집에서 1969년 『라이프』(LIFE)지가 나왔어요. 지금까지 몇 번이나 이사를 했는데 이 잡지만 남아 있었나 봐요. 지금 생각하니 우리 세대에게 케네디가 추진한 달 탐사 계획이 준 충격은 어마어마했어요. 아폴로 계획은 제가 하려고 한 기초과학과는 분야가 달랐지만 굉장하다고 생각했지요. 미국의 선진적인 면을 보고 연구하고 싶은 마음이 더 커졌어요.

저는 전시중인 1942년 시즈오카 현 후지 시에서 태어났어요. 벽촌이었으니까 마을이 파괴되었다는 기억은 전혀 없어요. 하지만 후지 시에는 군사공장이 하나 있었는데 함재기(艦載機)가 폭격하러 온 적은 있었어요.

1945년의 언제인가, 세 살 무렵의 기억이 희미하게 남아 있어요. 집 뜰에 방공호가 있었는데, 어느 날 밤 아버지가 뜰에서 하늘을 올려다보고 "함재기가 온다"라고 했어요. 방공호 안에서 제가 그 모습을 보고 있던 장면을 기억하고 있어요.

전쟁이 끝나고 밖으로 놀러나가면 둥근 못이 여기저기 있었어요. 함재기가 폭탄을 떨어뜨린 흔적이었지요. 거기서 자주 낚시를 했어요. 그런 어린 시절의 기억도 있기는 해요. 하지만 당시에는 어쨌든 배가 고팠어요. 그 기억이 더 강해요. 집에서 사탕수수를 재배하고 제당공장에서 그걸 짜서 설탕을 만드는, 그런 생활이었거든요.

처음에 물리학자가 되고 싶다고 생각한 이유는 뭔가요?

글쎄요, 그게 뭘까요? 고등학교에 다닐 때 아인슈타인과 인펠트(Leopold Infeld, 1898~1968)*의 『물리학은 이렇게 만들어졌다』(1937)라는 책을 도서관에서 빌려 읽었어요. 재미있는 책이구나, 하고 생각했지요. 그게 계기였을까요.

* 폴란드의 물리학자. 라이프치히 대학과 케임브리지 대학에 유학하여 많은 연구를 했으나, 반유대주의가 격화되자 반유대주의를 피하여 미국으로 건너가 프린스턴 고등연구소에서 아인슈타인과 함께 연구했다(1936~1938). 학문적 업적으로는 비선형 전자기역학을 다룬 보른 인펠트의 이론(1934)이 있으며, 그 밖에 일반상대성이론에 대해 연구했다.

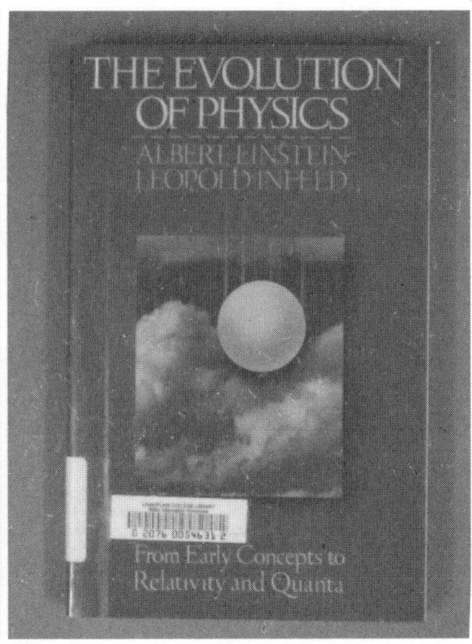

▲ 레오폴드 인펠트(왼쪽). 아인슈타인과 그가 함께 쓴 책 『The Evolution of Physics』.(일본어 제목은 『물리학은 이렇게 만들어졌다』.)

좀 더 오래된 일을 말하자면, 저는 어렸을 때부터 물건을 분해해서 다시 조립하는 걸 무척 좋아했어요.(웃음) 라디오 같은 건 엉망진창으로 분해해버렸지요. 부모님은 라디오를 들을 수 없게 되었다고 울상이었지만요. 그 당시는 아직 트랜지스터 같은 건 없었어요. 저는 진공관을 사와서 일주일쯤 걸려 갈았어요. 부모님도 곤혹스러워했지요.

그러다가 라디오의 원리에 흥미를 갖기 시작했어요.

요즘 라디오라면 분해해도 그다지 재미있지 않을 거예요. 하지만 옛날에는 보빈(bobbin; 코일을 감기 위한 통)에 코일이 감겨 있고, 그것에서 약간 떨어진 위치에 축전지(capacity)가 있어서 전기 진동에 공명을 하는데,

보빈에 에나멜선이 수십 번 감겨 있었어요. 그런데 '감는 횟수는 대체 어떻게 결정될까?' 그걸 조사해보니까 전자기학의 식을 상당히 사용하지 않으면 이해할 수 없다는 걸 깨달았지요. 이건 참 심오하구나, 하고 어린 아이 주제에 그런 생각을 했어요. 그 즈음부터 기초적인 것에 흥미를 갖게 되었어요.

고등학교에 들어가서도 그런 경향의 흥미는 계속되었는데, 그래서 아인슈타인과 인펠트의 책을 읽고 물리는 더더욱 심오하다는 걸 알게 되었지요. 혹시 가능하다면 이런 학문을 해봐야지, 하고 생각한 거예요.

그런데 중학교와 고등학교 시절에는 스포츠 같은 걸 했나요?

중학교 때는 3년간 야구부에 있었어요. 고등학교에 들어가서 검도를 시작했는데, 고등학교 때는 집이 멀어서 다니기 힘들었어요. 그래서 1년만 하고 그만두었어요. 역시 이제 공부를 하는 게 좋겠구나, 하고 생각했지요. 검도부는 꽤 강했기 때문에 어떻게 할지 망설였는데, 결국 대학에 들어가는 걸 우선시하자고 생각하고 그만두었어요.

아내 히로코 씨와의 만남

부인과는 어떻게 만나셨습니까?

▲ 저자와 그의 아내 히로코 씨.

아내를 만난 것은 사실, 이래요. 석사과정에 다닐 때, 고시바 마사토시 선생님의 연구실에서는 원자핵건판(전기를 띤 입자가 통과할 때 날아가는 흔적을 검출하는 특수한 사진건판)을 사용해 핵반응을 해석하고 있었는데, 핵반응을 발견하기 위해 일하는 '스캐너'라 불리는 사람이 여러 명 있었어요. 원자핵건판을 현미경으로 들여다보는 사람들 말이에요. 아내는 그 중의 한 사람이었어요. 그래서 낚인 거지요.(웃음)

(히로코 부인 : 결국 대학원에 들어가기 전까지 남편은 실컷 놀며 지냈기 때문

에 결혼하고 나서는 '놀이' 라는 건 전혀 없었어요. 그런 불만을 얘기했더니 "지금까지 마음껏 놀았으니까 이제 노는 건 됐어" 하는 거예요. 그러니까 나머지는 전부 연구생활이었지요. 재미없을 때만 옆에 있었던 셈인 거죠. 처음에 그렇게 놀 때 만났으면 좋았을 뻔했는데 말이에요.(웃음) 나머지 40년간은 노는 일 같은 건 일체 없었어요.)

그렇게까지 연구를 계속할 수 있었다는 것은 역시 연구가 재미있어서였나요?

그렇지요. 시작하면 멈출 수 없는 것이 제 성격이기도 해요. 물론 재미없을 때도 있었지만요. '이런 걸 해서 뭐가 될까' 라는 생각이 들 때도 있었지만, 때로 '이건 재밌는데!' 하는 일도 있었으니까요.

교수가 되기까지의 우여곡절

유카와 히데키(湯川秀樹, 1907~1981)* 씨의 노벨상 수상은 1949년이었

* 1907년 도쿄에서 태어났다. 1929년 교토(京都)대학 물리학과를 졸업하고 이 대학 다마기(玉城) 연구실에서 이론물리학, 특히 원자핵론 및 장(場)의 양자론을 연구하였으며, 1940년에는 교토대학 교수가 되었다. 1948년부터 미국 프린스턴대학의 객원교수로 있었고 1953년 귀국하여 교토대학 기초물리학연구소장으로 재직했다. 1933년경부터 β붕괴 문제와 핵내 전자의 문제 등을 연구하고 보손(보스입자)에 의해 매개되는 상호작용(유카와 상호작용)을 고찰했는데, 1934년 핵력을 매개하는 장으로서 중간자(中間子) 문제에 도달하여 그 질량을 산출했다. 1949년 중간자 이론으로, 일본인으로는 최초로 노벨물리학상을 수상했다.

습니다. 도쓰카 선생님이 일곱 살 때였네요.

역시 흥분했지요. 일본에도 훌륭한 학자가 있구나, 하고 말이에요. 그 무렵부터 이과 소년이었는지도 모르겠네요.

하지만 유카와 히데키의 노벨상 수상으로 일본에 이론 지향이 정착했지요. 실험보다 이론이 더 훌륭하다는 생각 말이에요. 저는 그걸 별로 좋아하지 않아요. 인간의 두뇌가 만들어내는 이론도 굉장히 중요하지만, 이론을 채택할지 말지를 결정하는 것은 자연이고, 그러니까 역시 자연에서 정보를 얻는 것(관측과 실험)이 가장 중요하다고 저는 생각해요. 이론과 관측, 실험이 병행되었다면 더 좋았을 걸, 하고 생각해요. 앞으로도 병행하지 않으면 안 되겠지만 말이에요.

이론과 관측의 병행이라면, 도쓰카 선생님이 2006년 3월까지 기구의 장을 역임했던 고에너지가속기 연구기구(KEK)의 최대 성과 중의 하나는 'CP대칭성의 파괴'를 실험으로 발견한 일이겠네요.

예, 고바야시 마코토(小林誠, 1944~)* 씨와 마스카와 도시히데(益川敏英, 1940~)** 씨의 이론을 검증하는 것이 KEK의 커다란 목표였지요.

예전에 도쓰카 선생님은 "관측된 것 이외에는 믿지 않는다"고 말씀하

셨습니다.

역시 자연이 채택하지 않으면 그건 쓸모없는 것이니까요. 그런 점이 또 재미있는 부분이에요. '자연은 왜 채택하지 않을까?', 하고 생각해보는 거지요.

과학의 어떤 분야에서도 타당한 이야기인데, 특히 물리학은 자연에서 정보를 얻는 것이 큰 의미를 지니는 분야지요. 예컨대 우주에는 만유척력***이 작용하고 있을지도 모른다는 것은 아무도 예상하지 못한 거니까요. 만유인력만이 아니라요. 이것은 정밀하게 우주를 관측해보았더니 그렇다는 것을 알 수 있었다는 거지요. 다시 말해 인간의 두뇌로는 생각할 수 없는 일이라는 거예요. 그러니까 역시 관측이라는 게 굉장히 중요한 거지요.

---

* 소립자 물리 이론을 발표한 일본의 물리학자다. 자연계의 '불연속적인 대칭 파괴'에 대한 이론을 내놨다. 고바야시와 마스카와 박사의 불연속적인 파괴에 대한 이론은 미국 스탠퍼드대 바바(BaBar)연구소와 일본 쓰쿠바 벨(Belle)연구소의 실험으로 최근에 입증되었다. 미국 시카고 대학 엔리코 페르미 연구소의 난부 요이치로(南部陽一郎, 1921~) 박사와 일본 교토대 유카와 이론물리연구소(YITP)의 마스카와 도시히데 박사와 함께 2008년 노벨 물리학상을 수상했다.

** 1940년 아이치 현 나고야 시에서 태어났다. 나고야 대학의 사카다 소이치 교수 연구실에 소속되어 박사 학위를 취득했다. 교토 대학의 조수로 있던 1973년, 같은 나고야 대학의 사카다 교수 연구실 후배였던 고바야시 마코토와 함께 보존과 쿼크의 약한 상호작용에 관한 CMK 행렬(Cabibbo-Maskawa-Kobayashi 행렬)을 도입했다.

*** 우주에 존재하는 에너지의 절반 이상을 차지하는 것은 중력 같은 만유인력이 아니라 서로 반발하는 힘인 '만유척력'이라고 한다. 예상하지 못했던 것 가운데 다른 하나는 암흑에너지(dark energy)의 존재다. 한편 우주에는 암흑물질(dark matter)이라 불리는, 스스로 빛을 발하지 않고 또 반사도 하지 않는 물질이 대량으로 존재한다고 한다.(초대칭성입자라 불리는 미발견 입자가 그 유력한 후보) 그러나 아직은 모두 정체가 불분명하다. 도쓰카 교수는 "암흑물질, 암흑에너지가 21세기 물리학의 새로운 패러다임이 될 것이다. 일본에서도 연구를 계속 진행했으면 좋겠다"고 말했다.

대학원에 들어갈 때도 노리고 고시바 선생님께 갔던 겁니까?

아니요, 노리기는 무슨.(웃음) "누가 (저 좀) 데려가주시지 않겠습니까!?"라고 말해서 들어간 거예요.

그렇게 들어가기 쉬운 곳이었습니까?

당시 제가 대학원에 들어가기 1년 전에 고시바 선생님이 도쿄대 물리학과에 조교수로 오셨어요. 그때 학생 두 명을 받았는데 그 두 명 다 굉장히 우수했지요. 그래서 고시바 선생님은 "대학원에 들어오는 학생들은 다들 우수하니까 도쿄대의 교수는 아무 것도 도와줄 필요가 없겠지. 좋아, 그럼 다음에는 세 명 정도 받아볼까"라고 했는데, 저도 그중의 한 사람으로, "자네도 좋아"라고 해서 들어간 거예요. 나머지 두 사람은 성실한 남학생이었어요.

가난한 생활에서 출발

직장이 없는 대학원생 시절에 결혼하셨지요?

대부분 결혼은 박사학위를 따고 나서 하지요. 그러니까 인생설계를 하고 나서 말이에요. 하지만 그런 건 별로 생각해보지도 않고 그냥 결혼해 버렸어요. 그런 것은 저에게 물어보지 말고 제 아내한테 물어보는 게 나을 텐데요.(웃음)

(히로코 부인 : 이런 생활이 기다리고 있을 거라고는 상상도 할 수 없었거든요.(웃음) 하지만 그냥 평범하지 않은 인생이 기다리고 있을 거라는 건 상상할 수 있었고, 인생은 한 번뿐이니까 걸어볼까, 하는 느낌으로 결혼했어요. 그 시점에서 일반적인 결혼을 했다면 그럭저럭 생활은 할 수 있었겠지만, 뭔가 박력이 없다고 할까, 역시 그때는 젊었으니까요. 반대도 많았어요. 그렇게 반대를 하니까 오히려 오기 같은 것도 발동했을 거예요. 시부모님도 반대했고, 친정에서도 "당치도 않아!" 했고요.)

결혼하고 나서 저는 돈을 벌어야 한다고 생각해서 아르바이트로 고등학교 교사를 했습니다. 애써 대학원에 들어갔으니까 연구도 하고 싶었지요. 하지만 생활도 해야 했으니까 고등학교에서 강의를 1주일에 두 번이나 세 번쯤 했고, 나머지 시간은 연구실로 돌아가 연구를 했어요. 힘들었지요.

전철 막차를 타고 집으로 와서는 자고 아침 5시쯤에 일어나서는 1교시 물리 수업을 해야 했어요. 그 다음에 곧장 연구실로 가서 막차 시간까지 연구를 했지요. 그러니까 저녁밥은 늘 12시 이후에 먹었어요. 뭐, 몸을 망치는 생활을 한 셈이지요. 우선 (아내한테는) 딱한 일이었지만 어쩔 수 없었지요. 그래도 연구를 하고 싶었나 봐요.

저는 대학원에서 박사학위를 따는 데 엄청 많은 시간이 걸렸습니다. 학위를 따기 전에 그 상태로는 도저히 견딜 수 없어서 민간 기업에 취직이라도 할까, 하는 고민도 했어요. 당시 도쿄 대학에 원자핵연구소라는 것이 있었는데 그곳 선생님이 저를 조수로 고용해줄지도 모른다는 이야기도 있었거든요. 하지만 그것은 가속기 개발이지 학문 연구가 아니라서 별로 끌리지는 않았어요. 당시 저는 자꾸 늦어졌고, 아내도 있었으니까 언제까지고 아르바이트를 하면서 놀고 있을 수도 없었지요. 착실히 살려고 생각해서 연구를 그만두고 민간 기업에 들어갈까 하는 생각을 한 거지요.

그런데 고시바 선생님이 "독일에서 전자 · 양전자*를 이용한 새로운 연구를 할 모양이네. 이학부에서 6개월짜리 자리를 빌려왔는데, (1972년) 10월에 시작해서 이듬해 3월에 끝나는 자리니, 어때, 자네가 해보지 않겠나? 만약 할 생각이 있으면 학부장에게 말해두겠네"라고 말했어요. 그러자 "예, 그거라도 좋습니다"라고 대답했지요. 그래서 우선 학부장에게 가서 "일신상의 이유로 1973년 3월 31일부로 퇴직합니다"라는 것을 서면으로 먼저 쓰고 6개월짜리 자리를 잡았지요.

---

* 양전자는 전자의 반입자. 전자가 −1의 전하를 갖는 것에 비해 양전자는 +1의 전하를 갖지만 그 밖의 성질은 모두 전자와 같다. 도쓰카 씨는 독일에서 전자와 양전자를 충돌시키는 DESY 실험에 참여했다.

고시바 선생님이 “그럼 곧장 독일로 가게”라고 했기 때문에 “기한이 다 되면 어떻게 해야 합니까?”라고 여쭸더니 “그쪽에서 찾아보게”라고 했어요. ‘이야, 이거 …… 난처하게 됐구나. 그래도 어쩔 수 없지’, 하고 그대로 독일로 갔습니다. 6개월밖에 안 되는 예정이었으니까, 아내는 놔두고 혼자 갔지요. 그랬더니 고시바 선생님이 힘써주셔서 그 자리가 잇따라 연장되었어요. 6개월이 1년이 되고 1년이 2년이 되는 식으로 말이에요. 그 동안 내내 저는 이상한 자리를 빌려 쓰고 있었던 셈입니다. 이 학부 안에서 제가 모르는 데서 자리를 빌려와준 거지요. 다 기간이 정해져 있는 자리였어요.

정식으로 조교수가 된 것은 서른일곱이나 서른여덟 때였을 거예요. 그 무렵에야 가까스로 안정을 찾았다는 느낌이 들어요. 지금 여러분을 보면 말이에요, 박사학위를 딴 채 자리를 잡지 못한 사람들이 꽤 많죠? 그건 좀 딱하다고 생각해요. 저 같았으면 진작 그만두었을 거예요, 아마.

1970년대의 독일

제가 독일에서 연구를 하던 무렵, 하루는 친구가 찾아와서 술을 마시러 갔어요. 레스토랑에 갔더니 잔에 몇 밀리리터라는 눈금이 새겨져 있더라고요. 역시 독일이구나! 하면서 사진을 찍어 돌아왔지요.(웃음) 맥주를 마시는 잔에도 꼼꼼하게 숫자가 적혀 있더라고요.

'일본에서는 이런 말을 하지 않는데' 라고 생각한 독일어가 있었어요. 논의를 할 때 일본에서라면 "그게 옳다"고 하잖아요. 독일에서는 "로기쉬!"라고 해요. "논리적이다!"라는 뜻이지요. 그게 "옳다"는 의미예요. 일본 사람들은 대화중에 '논리적' 이라는 말을 쓰지 않으니까 깜짝 놀랐어요.

1970년대의 독일 이미지는 어땠나요? 역시 일본보다 앞서 있구나, 라는 느낌이었습니까?

훨씬 앞서 있다고 느꼈어요. 특히 연구소의 전자기기와 컴퓨터가요.

▲ 독일 시절의 저자.

일본에서는 본 적도 없는 기계가 있었거든요.

독일 사람들에게는 물건을 세심하게 쓰려는 습관이 있어요. 낡은 것과 최첨단적인 것이 공존하고 있었어요. 우리는 최첨단 쪽에 깜짝 놀라지만 그들은 낡은 것도 깔끔하게 쓰더라고요. 당시 일본에서는 이미 트랜지스터가 상당히 사용되고 있었어요. 하지만 독일에서는 아직 진공관 라디오를 쓰고 있었어요. 그것도 주의 깊고 세심하게 쓰고 있더라고요. 그런 점에는 감동했지요. 독일에서의 경험은 제 연구의 원점이고, 지금도 몇몇 친구가 독일에 남아 있어요.

당시는 아직 냉전 시대였고, 소련은 가장 중요한 정보를 외부에 내놓지 않았습니다. 다만 냉전에 의한 경쟁으로 미국도 소련도 각각 발전한 측면도 있습니다. 과학에서 볼 때 냉전은 긍정적인 요소였나요, 부정적인 요소였나요?

아니, 그거야 부정적이었지요. 우리는 기초 연구에 종사하고 있었는데, 동독의 공헌은 이론적으로는 굉장히 컸지만, 유감스럽게도 실험적으로는 그렇게 많지 않았어요. 게다가 교류도 없었고요.

함부르크에 살았는데, 조금만 가면 바로 동독이었어요. 장벽이 있는 데까지 산책을 가면 서독 사람들이 "안돼요, 위험해요!"라고 말했어요. 감시탑에서 총을 든 병사가 감시하고 있었어요. "함부로 접근하면 총 맞아요"라고 했지요. 그런 것은 모르고 있었어요. 독일은 그런 면에서는 무서운 곳이었지요.

한번은 국제회의 같은 게 있어서, 함부르크에서 프랑스까지 기차를 타고 가는데, 밤에 휘황찬란하게 전깃불이 밝혀져 있는 지대가 있었어요. 온통 지뢰가 묻혀 있는 곳이었어요. 그 한가운데를 차량이 지나가는 거지요. 그런 섬뜩함은 약간 맛보았지요. 하지만 우리의 연구 분야에는 그렇게 큰 영향은 없었어요.

냉전이 끝난 후 장벽이 없어졌지만 아직 빈부의 차는 있어요. 2년 전인가요, 드레스덴이라는 동부 도시에 갔는데 그곳은 아주 가난했어요. 독일이 수십조 원을 쓰긴 했지만 아직 평등하지는 않아요.

그래도 그렇게까지 격렬한 동서 냉전 중에 그 정도나마 나라를 유지한 독일은 훌륭하다고 생각해요.

독일은 실험 장치가 일본과 전혀 다르다는 이야기가 있습니다. 그러나 독일도 일본과 마찬가지로 패전국입니다. 왜 그렇게까지 차이가 나는 걸까요?

역시 미국의 원조지요. 독일은 당시 소련에 대한 전시장이 되었으니까요. 그래서 마셜플랜*이라는 게 시작되어 엄청난 규모의 원조가 있었지요. 그리고 일본인과 미국인 사이의 교류에 비하면, 미국인이 독일인과

교류할 때는 역시 그 밀접함이 전혀 달라요.

팀플레이

젊었을 때는 뭐든지 자신이 직접 해결하고 싶어 하니까, 요컨대 '팀플레이'라는 의식이 없었지요. 그런 탓에 독일에서는 거의 노이로제 상태였어요. 밤에는 잠을 잘 수 없었고, 일하는 방식도 혹독했어요. 아파트와 연구실이 가까워서 아침 9시에 나가 저녁을 먹으러 일단 집으로 돌아와서는 다시 나가는 거지요. 새벽 3시나 4시까지 일을 하고 이튿날 아침에 다시 나가는 거예요. …… 완전히 노이로제 상태인 거죠.

결국 거기에서 뭘 배웠느냐 하면, "무슨 문제가 생기면 의논한다. 혼자 안고 있지 말라"라는 것이었어요. 독일 사람들은 무척 솔직해서 이야기를 하면, 그래, 하고 상담에 응해주거든요. 그렇게 해서 모든 걸 해결했어요.

"연구라는 것은 팀플레이로 하지 않으면 안 된다"라는 것을 독일에 있던 시절에 배웠어요. 이것은 무척 중요했어요. 그래서 일본에 돌아오고 나서는 뭐든지 사람들에게 상담을 했어요. 주위 사람들은 아마 바보 같은 놈이라고 생각했을 거예요.

---

* 제2차 세계대전 후, 1947년부터 1951년까지 미국이 서유럽 16개 나라에 행한 대외원조계획이다. 정식 명칭은 유럽부흥계획(European Recovery Program, ERP)이지만, 당시 미국의 국무장관이었던 마셜(G. C. Marshall)이 처음으로 공식 제안하였기에 '마셜플랜'이라고 한다.

그 무렵에 맡았던 과제는 구체적으로 어떤 것이었습니까?

당시 커다란 관측 장치의 일부를 제가 책임지고 있었어요. 그런데 그것이 갑자기 움직이지 않은 거예요. 어떻게 해야 좋을지 몰랐지요.

예컨대 신호를 보내기 위한 케이블이 있었는데, 그것은 플랫케이블을 층층이 8,000개를 쌓은 두꺼운 케이블이었어요. 그런데 이웃한 층이 혼선을 일으켜 신호가 한쪽에서 다른 쪽으로 옮겨가버렸어요. 꼭 실험을 앞두고 있을 때 그런 말썽이 생기거든요. 그 문제를 혼자 안고 있었던 거예요. 그래서 옆 실험 그룹에 가서 "층과 층 사이에 뭔가 실드(電磁氣遮蔽, electromagnetic shielding) 망을 놓아 해결했었지?"라고 말했더니, "좋아, 그럼 도와주지"하고 말해줘서 어떻게든 해결했어요.

그런 일이 여러 차례 있었어요. 어쨌든 뭐든지 돌아다녀서 해결했어요. 그래서 "안고 있지 말라"는 것을 배웠지요. 당시는 작은 문제였지만 그 경험을 기초로 좀 더 큰 말썽도 해결하는 방법도 배웠어요.

독일로 간 것은 서른 살 때였어요. 큰 실험 장치의 일부였지만 그 리더가 된 것이 서른한 살 때였던 거예요. 그 나이에 고도의 기술자를 부렸던 셈이지요. 어린 나이에 그런 중책을 맡은 입장이었으니 꼭 무너져 내릴 것만 같았어요. 게다가 연구비는 독일 측에서 냈고, 일본 측은 거의 돈을 내지 않았거든요. 연구의 반향도 컸지요. 뭐 그 정도로 인정해준 것은 고마운 일이었지만 말이에요. 지금 생각하면 어린 나이에 잘도 해냈구나,

하는 기분이 들어요. 그때까지는 뒤처진 멍한 학생이었지요.

이문화 속에서 배운다는 것

요즘 학생들도 해외에 가는 것이 좋을까요?

가는 것이 좋을 거예요. 음, 역시 가는 게 좋지요. 학생들뿐만 아니라 젊은 연구자들도 그래요. 지금은 점차 해외로 가지 않게 되어서 무척 유감스러워요. 역시 문화의 차이라는 걸 좀 더 배우고 경험했으면 좋겠어요. 일본과는 전혀 다르니까요.

그런 의미에서 저는 미국에 있었던 기간이 별로 길지 않았는데, 그게 좀 안타까워요. 친구들은 미국에 무척 많은데 말이에요.

자연과학의 토양이라는 것은 유럽이나 미국에 있는 셈인데, 그쪽에 가면 문득 깨닫게 되는 게 있어요. 일본에서 배울 수 없는 게 있는 거지요. 그것이 구체적으로 뭐냐고 물으면 잘 모르겠지만 말이에요. 그 부분은 지금의 젊은 사람들이 직접 피부로 느꼈으면 좋겠다는 생각을 해요. 정말 재미있거든요. 아주 오래 체재하는 것은 힘들겠지만 2년 정도라면 가는 게 좋을 거예요.

일본도 무척 발전했기 때문에 젊은이들의 의식에는 일류 연구는 일본에 있어도 할 수 있다는 생각이 있을 거예요. 하지만 아까도 말했다시피 역시 문화의 차이로부터 배울 점이 참 많아요. 그걸 잊으면 안 된다고 생각하니까 "일본에서 해도 된다!"라는 생각에는 반대해요. 특히 문과 계통의 선생님들 중에 그런 말을 하는 사람이 많아요. 하지만 그것 역시 이상하다고 생각해요.

양자역학을 전공하는 어떤 선생님이 텔레비전에서 "서양에는 과학에 대한 벽이 없다고 할까, 과학을 공기처럼 접하고 있는 점이 있다"는 발언을 하던데요.

그렇지요. 서양의 과학자는 '나라'를 생각하지 않아요. ('나라'를 의식하는 것은) 좀 이상하잖아요? '나라'라는 것은 그저 돈을 대주는 정도의 존재이고, 자연과학에 인간이 만든 경계는 없을 테니까요. 그런 부분에 대한 생각이 전혀 다르지요.

독일에 가도 제 옆자리에 있던 사람은 독일인이 아니라 미국인이었어요. 힘들었지만 누구와도 같이 할 수 있으니까 그런 면에서는 편했어요. 바로 그런 것을 배웠으면 하는 거지요.

뭐든지 그렇다고 생각합니다만, 우선은 '나라' 같은 경계를 제거해야지요. 게다가 그쪽에 2년쯤 있으면 친구도 생길 테니까 그 다음 연구에 무척 도움이 될 거예요. 적어도 저에게는 무척 도움이 되었지요. 아니, 좋았어요. 힘들긴 했지만요.

저는 비상근으로 일본학술진흥회에서 일을 거들고 있습니다만(2006년 7월부터 일본학술진흥회 학술시스템연구센터 소장을 역임했다), 역시 중요한 것은 일본의 젊은이들을 해외로 파견하는 시책은 막으면 안 된다는 거예요.

절박한 환경 문제

저의 희망을 말하자면, 대학의 선생님들이 환경 문제에 좀 더 관심을 가져주었으면 하는 거예요. 대학의 교수들 자체가 별로 관심을 갖지 않아요. 지금 대학이 몰두해야 할 과제는 우선 기후변동이에요. 그리고 에너지, 그 다음으로는 먹을 것이지요. 이것들은 사실 연결되어 있기 때문에 그런 것을 어떻게든 해명해주었으면 싶어요.

이런 거대한 문제가 20세기에 있었는지 어땠는지, 물론 전쟁은 있었지만 환경 문제 정도로 큰 문제는 없었다는 생각이 들어요……. 걱정이지요. 뭐, 지금의 제가 걱정해도 어쩔 도리가 없겠지만 말이에요.

석유의 수명은 대체로 예측이 굳어져 있어서 십 몇 년 후에 정점을 지난다고 합니다. 석유수출기구(OPEC) 이외에는 이미 정점을 지났고, 전체적으로는 앞으로 10년 이내에 정점을 맞이한다는 설이 있습니다.

네. 이미 정점을 맞았다는 이야기도 있어요. 다만 세상의 에너지는 석유만 있는 건 아니에요. 석탄이라든가 천연가스가 아직 있거든요. 하지만 어쨌든 화석연료는 문제가 있어요. 연구할 것은 얼마든지 있지요.

제가 다시 한 번 연구 생활로 돌아간다면 환경 문제를 해보고 싶어요. 기초 연구는 아니지만 아주 재미있을 거 같아요. 재미있다고 하면 미안하지만요. 도전이라고 생각해요.

예컨대 온실효과 가스(greenhouse gas)라는 게 있죠? 사실 일본이 내고 있는 온실효과 가스는 세계 전체의 2퍼센트 정도밖에 안 돼요. 그러니까 일본에서 아무리 노력해도, 설사 반으로 줄인다고 해도 1퍼센트를 줄일 뿐인 거지요. 하지만 일본에서 기술을 개발해서 그것을 세계에 보급하면 엄청나게 큰 효과를 볼 수 있어요. 그런데 그런 생각을 하는 사람이 별로 없는 것 같아요.

일본은 먼저 일본 안에서, 예를 들어 도쿄도가 취하고 있는 대책으로 삭감할 수 있는 양이란 세계 전체에서 보면 미미한 것에 불과해요. 가스니까 일본 상공을 깨끗이 한다고 해도 중국에서 우르르 밀려들면 아무 의미가 없는 거죠. 세계 전체에서 생각하지 않으면 안 되는데도 무슨 생각을 하는지, 원! 연구는 거기에서 출발해야 할 텐데 말이에요. 현재 도지사가 하고 있는 건, 요컨대 뭐라 할 만한 게 없어요. 이상하다……고 생각하지만 말이에요. 세계에 유통시킬 기술을 발전시키는 것이 좋을 텐데 말이지요.

세계에 유통시키기 위해서는 비용을 줄이지 않으면 안 되겠지요?

비용 이전에는 아직 기술 자체가 없어요. 일본이 50퍼센트 줄인다고 하지만 그 기술이 없는데도 그런 말을 하는 거예요. 앞으로 개발하려고 하면서 말이에요. 다만 거기에는 뭔가 비약적인 발전이 필요하기 때문에 재미있을 것 같아요. 바로 여러분의 시대, 앞으로 2050년까지가 아주 힘든 일이 될 테니까요.

환경 문제는 앞으로 몇 십 년만 있으면 악화의 정점에 이른다고 하는데 그 정점을 낮추는 방향으로 나아가야 한다는 논의도 있습니다.

IPCC(Intergovernmental Panel on Climate Change, 정부간 기후변화 위원회)*라는 기관이 있는데, 거기에는 두 개의 기둥이 있어요. 하나는 완화(mitigation)라고 해서 가스를 줄인다는 방침이지요. 줄이지 않으면 어떻게 할 도리가 없으니까요. 물론 원자력발전도 기둥이 되지만, 어쨌든 지금 배출하고 있는 탄산가스를 줄이지 않으면 속수무책이라는 것이 완화라는 방침이에요.

* 1988년 11월 유엔 산하 세계기상기구(WMO)와 유엔환경계획(UNEP)이 기후 변화와 관련된 전 지구적인 환경 문제에 대처하기 위해 각국의 기상학자, 해양학자, 빙하 전문가, 경제학자 등 3천여 명의 전문가로 구성한 정부간 기후 변화 협의체다. 기후 변화 문제의 해결을 위한 노력이 인정을 받아 2007년 노벨 평화상을 수상했다.

또 하나는 적응(adaptation)이에요. '이제는 이미 늦었으니까' 그것을 전제로 하고, 그 안에서 인간은 살아갈 수밖에 없다는 것이지요. 이 두 개의 기둥이 있는 거예요. 일본 사람들은 다들 적응을 잊고 있어요. 이것에도 거대한 기술 개발이 필요해요. 그래도 일본은 아직 나은 편이에요. 남쪽의 섬 같은 데는 이미 가라앉고 있잖아요?

그리고 최근 유럽이 왜 그렇게 기후변동에 대해 열심인지, 그 이유는 IPCC에서 낸 자료를 보면 알 수 있는데, 앞으로 50년 정도를 예상해볼 때 기온 상승이 가장 높은 곳이 유럽이에요. 5~6도나 올라가거든요. 그들은 더 이상 살 수 없게 되는 거지요. 스페인 같은 데는 말이지요. 그래서 열심히 하고 있는 거지요.

자신들에게 심각한 사태가 닥치지 않으니까 일본은 태연한 거지요. 그리고 중국은 의외로 온도가 올라가지 않아요. 끄떡없다고까지는 하지 못하겠지만 말이에요. 심한 곳은 인도 옆의 방글라데시라든가 그 주변이에요. 사람들이 살 수 없게 되거든요.

한편 러시아는 시베리아가 온난화되면 거대한 곡창지대가 돼요. 그래서 그들은 돈을 벌 수 있어요. 요컨대 나라를 부유하게 할 수 있는 거지요. 하지만 인도나 방글라데시 등 남쪽이 엉망이 되는 거지요. 정말 12억이나 되는 사람들이 어떻게 살아갈 수 있을지, 그런 생각을 하게 돼요.

미국도 의외로 괜찮아요. 캐나다도 무척 좋아질 거예요. 미국의 북부와 캐나다도 곡창지대가 될 테니까요. 그래서 미국은 태연한 거지요. 왜

냐하면 자신들이 고생하지 않아도 되는데 뭣 때문에 열심히 해야 하는가, 하는 생각을 한다고 해도 이상하지 않은 거지요. 그런 문제에 대해 글로 쓰고 싶지만 이제 시간이 없어서…….

좀 더 지혜를

블로그에 쓰고 계시는 「과학 입문」(이 책에 수록)의 후속 편을 계속 써 주세요!

그래요. 지금 '파도'를 처음부터 공부하고 있어요. 이 나이가 되니 공부하는 것도 꽤 힘들지만 아직 할 일이 있구나, 하면서 하고 있어요.

젊은 여러분들이 꼭 해주었으면 좋을 일이 있어요.

우리로서는 여러분들이 지혜를 갖추지 않으면 곤란해요. 이건 정말 부탁하는 거예요. 예를 들어 우리는 아인슈타인의 이론을 옛날 사람들만큼 고생하지 않고도 이해할 수 있잖아요? 똑같은 것을 지금의 여러분도 할 수 있어야지, 그렇지 않으면 곤란해요. 우리가 한 일을 간단히 이해할 수 있고, 도움이 될 수 있게 하지 않으면 곤란해요. 그런 것을 꼭 부탁해요. 그것을 하기 위해서는 역시 지혜가 있어야 해요.

제가 싫어하는 말이 하나 있어요. 그것은 "자손에게 부(負)의 유산을 남기지 말라"라는 말이에요. 저는 '자꾸 남겨라' 고 해요. 방사성 폐기물의 처리 같은 경우에도, 환경 문제 같은 경우에도, 에너지 · 식량 위기 같은 경우에도 말이에요. 자손들은 우리보다 머리가 좋을 테니까 그들에게 맡기면 간단히 처리할 수 있을 거라고 하면서요. 그런 것을 기대하고 있는 거지요.

그렇지만 그 '부의 유산' 의 양은 20세기가 시작되었을 때보다 21세기가 시작되었을 때가 더 많아요. 그것은 과학기술과 연결되어 있지요. 다소 딱하다고는 생각합니다만, 폐기물의 경우에도, 환경 문제의 경우에도 도전해볼 만한 일이고, 해결할 수 없는 문제는 아니에요. 그러니 반드시 그것에 도전했으면 좋겠어요. 꼭 부탁해요.

도쓰카 선생님이나 다른 선생님들의 활약을 보고 있으면 저희가 거기까지 갈 수 있을까 하는 생각이 듭니다. 구름 위의 존재 같아서요.

그건 아니에요. 그런 이미지는 엉터리예요.(웃음) 우리도 어렵다고 비명을 질렀어요. 옛날도 지금도 그다지 다르지 않아요. 언제나 그런 거지요.

옮긴이 **송태욱** : 번역가. 연세대학교 국문과와 같은 대학 대학원을 졸업하고 문학박사 학위를 받았다. 도쿄외국어대학 연구원을 지냈으며 2009년 현재 연세대에 출강하고 있다. 지은 책으로 『르네상스인 김승옥』(공저)이 있고, 옮긴 책으로는 『사랑의 갈증』, 『비틀거리는 여인』, 『세설』, 『만년』, 『탐구1』, 『형태의 탄생』, 『눈의 황홀』, 『윤리 21』, 『포스트콜로니얼』, 『트랜스크리틱』, 『천천히 읽기를 권함』, 『번역과 번역가들』, 『연애의 불가능성에 대하여』, 『빈곤론』, 『성난 서울』 등이 있다.

과학의 척도

초판 1쇄 발행 2009년 10월 16일

지은이 도쓰카 요지
옮긴이 송태욱
펴낸이 강경미
펴낸곳 꾸리에 북스
디자인 최희선(heesun681@naver.com)
출판 등록 2008년 08월 1일 제313-2008-000125호
주소 (우)121-838 서울 마포구 서교동 358-152번지 3층
전화 02)336-5032
팩스 02)336-5034
전자우편 courrierbook@naver.com

값 15,000원

ISBN 978-89-962175-8-9 03420